电网企业作业现场安全管控系列

变电站（换流站）作业现场安全设施标准化设置

BIANDIANZHAN (HUANLIUZHAN) ZUOYE XIANCHANG ANQUANSHESHI BIAOZHUNHUA SHEZHI

国网宁夏电力有限公司　编

内容提要

本书在编写的过程中，充分考虑了变电站（换流站）工程建设业务外包从业人员的知识结构与安全技能实际，制定了变电站（换流站）各类施工、检修作业现场的安全设施标准。使用“示意图”方式，对各类作业现场制定必选、可选安全设施配置清单，图文并茂、简洁清晰地展示出作业现场安全设施标准化设置要求，便于从业人员理解与应用。此外，列举了16类常见典型施工、检修作业现场的安全设施标准化设置案例，以供读者参考。

本书可作为变电站（换流站）运维检修、施工改造等从业人员安全作业培训用书，也可作为电力工程技术人员和安全管理人员的参考用书。

图书在版编目（CIP）数据

变电站（换流站）作业现场安全设施标准化设置 / 国网宁夏电力有限公司编 . —北京：中国电力出版社，2019.12

ISBN 978-7-5198-4452-3

Ⅰ. ①变… Ⅱ. ①国… Ⅲ. ①变电所－安全设备－标准化管理 Ⅳ. ① TM63

中国版本图书馆 CIP 数据核字 (2020) 第 041467 号

出版发行：中国电力出版社
地　　址：北京市东城区北京站西街 19 号（邮政编码 100005）
网　　址：http://www.cepp.sgcc.com.cn
责任编辑：马淑范（010-63412397）
责任校对：黄　蓓　王海南
装帧设计：北京宝蕾元科技发展有限责任公司
责任印制：杨晓东

印　　刷：北京博图彩色印刷有限公司
版　　次：2019 年 12 月第一版
印　　次：2019 年 12 月北京第一次印刷
开　　本：145×210　32 开本
印　　张：4.5
字　　数：74 千字
定　　价：38.00 元

本书编委会

主　任　马士林

副主任　季宏亮　贺　文　贺　波

编　委　杨春明　郝宗良　解志新　汪卫平

主　编　黄富才

副主编　何志强　李　放　王宁国

参　编　张韶华　楼　峰　陈盛君　张　亮　张东山

张旭宁　吴俊勇　刘　超　蒋超伟　韩相锋

张　源　于建鹏　弋立平　王文刚　李玉琛

官学彪　尤　存　沈黎明　刘　江　秦　涛

魏亚洲　李延亮　王　伟　赵林虎

序 Foreword

安全生产事关人民群众生命财产安全，事关改革发展稳定大局，是企业发展的生命线。要充分认识安全生产的长期性、复杂性、艰巨性，牢固树立安全发展观，弘扬“生命至上，安全第一”的理念，坚持问题导向、目标导向和结果导向，久久为功、持续改进，标本兼治、综合施策，全面提升本质安全水平。

变电站（换流站）是电网安全稳定运行的枢纽节点，在电气设备上进行倒闸操作、检修施工过程中，发生误碰带电设备、误操作等违章，将会造成严重的电网安全事故，甚至造成电网大面积停电或者人身伤害事故。电力企业必须坚持“安全第一、预防为主、综合治理”方针，持续改善变电站（换流站）作业现场的生产条件，从人、机、料、法、环五个方面精准掌控危险点，减少和控制各类风险因素，完善与生产现场相适应、一线人员易懂、易操作的安全设施，规范操作规程，对从业人员进行安全教育培训，才能充分发挥安全风险防控的作用，预防事故发生，避免从业人员生命或身体遭受损害。

国网宁夏电力有限公司以标准化建设为抓手，以管控关键风险为要点，深入开展变电站（换流站）电气设备倒闸操作、检修运维、施工改造等生产作业的差异化研究，制定16类典型施工、检修作业现场的安全设施标准化设置案例，将易懂、简捷、实用、减负的安全理念，融入变电作业现场安全风险防控管理，消除安全隐患。通过多年对变电站（换流站）作业现场安全设施标准化设置的实践探索，做到生产作业组织科学、风险可控、过程有序、结果安全，实现了2座直流换流站和390座交流变电站的长周期安全可靠运行，为实现“两个标杆”战略目标、建设具有中国特色国际领先的能源互联网企业贡献力量。

马士林

前 言 Preface

随着社会经济的快速发展，我国各电压等级电网取得协调长足发展，已经形成西电东送、南北互供、全国紧密联网、交直流混联的电能输送网络。变电站（换流站）做为网络连接的关键节点，其运行稳定性直接关系到电网安全，重要性不言而喻。

作业现场安全设施是保证安全的重要技术措施。变电站（换流站）设备安装密集，施工检修作业时具有空间狭小、布局紧密、复杂程度高的特点，因此，误入运行间隔、误碰带电设备等安全风险始终存在。随着智能化设备发展进步，变电站（换流站）规划占地面积减小，设备集成度、密集度进一步加大，一定程度上增大了施工、检修作业安全风险，安全设施的标准化设置重要性更加突出。电力企业需要明确变电站（换流站）作业现场安全措施、安全警示标识、作业环境隔离等安全管控要求，掌握与风险管理有关的措施和方法，全面控制风险因素。

本书编者通过多年的现场经验，对变电站（换流站）作业现场安全设施的标准化设置进行了实践探索，梳理了16

类典型检修、施工作业现场的安全设施标准化设置案例，使用“示意图”方式，对各类作业现场制定必选、可选安全设施配置清单，图文并茂、简洁清晰地展示出安全设施标准化设置要求，便于从业人员理解与应用。兼顾安全设施设置的合理性、适用性、实用性，简单有效，设置便捷，拆除快捷，让从业人员不觉繁琐、不增负担，让现场人员喜用愿用，真正能够发挥安全设施的作用。最后对电力企业从事变电作业时安全设施设置不到位或不规范，造成安全事故的案例进行剖析，希望能够对从业人员有所警示。

本书在编写过程中，得到国网宁夏电力有限公司领导和同仁的大力支持，在此表示衷心感谢！

由于编者理论水平和实践经验有限，书中难免出现疏漏与不足之处，恳请广大读者批评指正。

编　者

目 录 Contents

第一章
安全设施标准化概述

一、目的意义

随着我国社会经济的快速发展，电网已经形成西电东送、南北互供、全国紧密联网、交直流混联的电能输送超（特）高压网架结构，充分发挥了能源汇集、传输和转换利用的作用，提高了能源综合利用效率，促进了清洁低碳、安全高效的能源体系建设，为经济社会发展和人民美好生活提供安全、优质、可持续的能源电力供应。

电力生产作业的高风险特征，要求电力企业要持续完善作业现场的生产作业条件和安全设施，规范操作规程，对从业人员进行安全教育培训。《电力安全工作规程》规定了保证安全的技术措施，“停电、验电、接地、装设遮栏和悬挂标示牌”是保证人身安全的核心要点。变电站（换流站）设备施工作业现场具有作业空间狭小、设备种类多、布局紧密、作业复杂程度高等特点，作业过程中人员误入带电间隔、误碰带电设备、擅自扩大工作范围等严重违规违章现象时有发生，严重者引发人身、电网、设备等安全生产事故，造成较大的经济社会影响。

安全设施指生产经营活动中将危险因素、有害因素控制在安全范围内以及预防、减少、消除危害所设置的安全标志、设备标志、安全警示线、安全防护设施的统称。变电站（换流站）作业现场布置的安全遮栏和标示牌就是安全设施的应用之一，其主要作用体现在两个方面：一是将施工检修区域与相邻带电设备进行有效隔离，防止作业人员误入其他带电间隔，误碰带电设备；二是作为停电检修设备的警告、提示安全标示，防止作业人员擅自扩大工作范围，防止误操作送电至检修设备，有效避免可能发生的安全事故，保证作业人员安全。但是在现场实践中，变电站（换流站）作业现场安全设施设置标准不统一，普遍存在以下四方面问题：一是部分作业现场安全设施准备、配备不足，设置随意不规范，无法起到安全遮栏和标示牌设置的主要作用；二是部分作业现场安全设施过度设置，大量展示牌、小看板、指示牌等辅助性设施增加现场作业负担，分散作业人员做好主责主业的注意力，设置目标偏移化，设施设置形式化；三是变电站（换流站）常用安全遮栏固定不牢靠、超重等问题普遍存在；四是针对室内设备结构布局紧凑、作业空间狭小的场所，传统安全设施标准化较为繁琐，无法满足标准化要求。

随着电力从业人员安全防护理念的进步，电力企业需要制定适应变电站（换流站）设备现状、作业环境的安全设施设置标准，研究改良适用于变电站（换流站）施工检修作业的安全设施，切实发挥安全遮栏和悬挂标示牌保障人身安全技术措施的作用。

二、管控目标

本书通过分析变电站（换流站）作业现场安全设施设置与使用的工作现状，以保证人身安全为目标，以杜绝安全隐患为导向，按照设备运维单位、施工单位等组织机构理清职责分工，规范安全设施标准化设置管理体系；按照工程施工、运维检修、带电作业、重要保电等作业类型制订安全设施标准化设置工作规则；结合变电站（换流站）作业现场分布特点，按照"口袋式"设置规范，提出分级分区、定置化管理要求。通过规范变电站（换流站）各类作业现场的安全设施标准化设置，更好地发挥防止误入带电间隔、防止误碰带电设备、防止擅自扩大工作范围、防止电气误操作等不安全行为的作用。

三、适用范围

本书立足于电力安全生产规程等规程规范和变电站（换流站）生产实际情况，充分考虑了不同电力生产作业现场安全措施设置的差异化，同时兼顾一线班组减负需求，从变电站（换流站）标准化设置管理体系、设置原则、安全常用设施、标准化设置典型实例、新技术等几个方面进行阐述标准化体系，提炼了一套具有现场实践指导作用的管理措施，具有普遍性、实用性，可作为从事变电站（换流站）运维检修工作，以及在变电站（换流站）内进行施工改造作业的从业人员进行标准化安全的设置标准和培训教材，也可作为电力工程技术人员和安全管理人员的参考用书。

第二章
安全设施标准化管理体系

安全生产责任制是电力企业依法履行安全生产主体责任的基础保障，是电力企业保证安全生产稳定的基础。《中共中央国务院关于推进安全生产领域改革发展的意见》要求，生产经营单位要依法依规制定各级组织机构、各级岗位人员的安全责任清单，明晰安全职责界面分工，明确履责要求和履责记录，夯实安全生产基础。变电站（换流站）作业现场具有作业空间狭小、设备种类多、布局紧密、作业复杂程度高等明显特点，任何现场作业都需要设备运维单位与检修（施工）单位配合完成，责任双方在作业现场安全设施标准化设置工作中承担的安全责任和管理责任需要进行明确区分，确保安全设施标准化设置取得应有成效。

一、职责分工

变电站（换流站）运维检修是对变电站（换流站）所采取的巡视、检测、维护等技术管理措施和手段的总称。电网企业变电站（换流站）运维检修实行专业化管理，班组机构设置通常为变电运维、变电检修、变电试验、二次检修等，根据工种进行责任分工，开展运维检修、故障处理、交接验收等各类工作。变电站（换流站）新（扩）建、技术改造实行项目化承发包管理，设备运维单位承担“设备主人责任”，与施工（检修）单位签订安全协议，明确在施工（检修）过程中双方各自负责的安全责任。作业现场进行安全设施标准化设置时，设备运维单位、检修（施工）单位安全责任需要进行明确分工。

1. 设备运维单位

设备运维单位的主要职责如下：

（1）负责实施一次设备（含构架、爬梯等）和屏（柜）内部的装置机箱（正面）、硬压板、分合把手、切换开关、紧急按钮等电气元件的分区隔离安全设施设置，将检修设备与运行设备进行有效隔离。不负责执行检修间隔硬压板的防误投退安全设施设置。

（2）负责制定大型生产作业现场、施工作业现场的安全设施标准化设置方案，指导施工单位实施安全遮栏隔离措施。

（3）改（扩）建施工作业现场一次设备接入运行母线前后，变电运维单位负责组织及时变更安全设施设置方案。

2. 设备检修单位

设备检修单位的主要职责如下：

（1）负责检查变电运维单位布置的安全设施是否正确、完备，必要时提出补充完善要求，工作许可后负责安全设施的完好性。

（2）工作许可后，负责实施二次系统屏（柜）内部的端子排、装置机箱（背板）以及检修间隔硬压板等安全设施设置。

（3）负责实施“电话许可”的变电站（发电厂）第二种工作票所列安全设施设置。

（4）负责实施高压试验作业现场的安全设施设置。

（5）负责实施改（扩）建施工作业现场二次系统公用回路的安全设施设置。

3. 施工单位

施工单位的主要职责如下：

（1）负责配合变电运维单位实施大型作业现场、改（扩）建施工作业现场的安全遮栏。

（2）负责组织本单位人员严格执行作业现场安全设施标准化设置管理要求。应将生产技改大修工程施工安全管理及风险控制方案向施工人员培训交底，明确施工现场标准化设置要求以及安全文明施工设施的使用区域和配置标准。施工作业前，施工项目部应开展施工人员岗前安全教育培训，分专业、分工种向施工人员讲解安全设施情况、注意事项和文明施工设施的使用、维护要求以及作业行为规范。

二、工作流程及执行要点

作业现场安全设施标准化设置工作流程（如图 2–1 所示）主要包括危险点现场勘察、编制安全设施设置方案、准备安

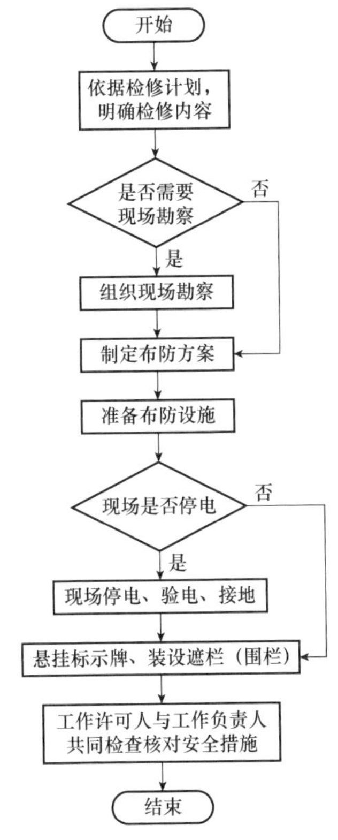

图 2–1 变电作业现场安全设施标准化布置工作流程

全设施、执行停电验电接地技术措施、装设安全遮栏、悬挂标示牌、安全措施检查、工作许可等关键环节。

1. 现场勘察

（1）根据变电检修（施工）作业，工作票签发人或工作负责人认为有必要现场勘察的，检修（施工）单位应根据工作任务组织现场勘察，并填写现场勘察记录。

（2）现场勘察应由工作票签发人或工作负责人组织，工作负责人、设备运维单位和检修（施工）单位相关人员参加。对涉及多专业、多部门、多单位的作业项目，应由项目主管部门（单位）组织相关人员共同参与。

（3）现场勘察需要查看检修（施工）作业需要停电的范围、保留的带电部位、装设接地线的位置、邻近带电设备、交叉跨越、作业区域、定置摆放区域、二次接线端子排等，以及作业现场周边的环境条件和其他可能影响作业的危险点，提出符合现场安全作业条件的安全措施和注意事项。

（4）现场勘察需要确定作业现场装设安全遮栏的布局方案，理清需要悬挂标示牌的具体地点和数量，作为安全设施准备的基础。

（5）现场勘察人员负责填写勘察记录，送交工作票签发人、工作负责人及相关各方，作为填写、签发工作票的基础。

（6）作业现场开工前，工作负责人或工作票签发人应重新核对现场勘察情况，发现与原勘察情况有变化时，要及时修正、完善相应的安全措施。

2. 编制安全设施设置方案

根据现场勘察危险点和作业环境，工作负责人组织编制作业现场安全设施标准化布置方案，确定安全遮栏选型、数量和布置方位，确定标示牌类型、数量和悬挂地点，指定各类安全设施标准化布置的工作人员和验收人员。

编制作业现场安全设施标准化设置方案时应注意以下要点。

（1）合理选型。改（扩）建施工作业现场，设备运维单位应结合现场勘察危险点编制安全设施设置方案，对于有触电危险的作业现场应使用绝缘材料制作的安全设施。

（2）有序设置。作业现场安全遮栏、安全标示牌、辅助安全设施适量选用，围绕作业现场危险点进行规划，用适量的安全标志将必要的信息展现出来，避免漏设、滥设。安全设施设置不可妨碍操作或检修工作，不可设置在可移动的物体上。

（3）利于视读。作业现场安全设施要指示准确、图文清晰、简洁易懂，设置在过往人员最容易看到的醒目位置，不受固定障碍物遮挡，不存在视线死角，尽量避免被移动物体遮挡。

（4）警示醒目。安全遮栏和辅助性安全设施要具有反光、示廓、示高等警示色或安全标识，室外露天场所设置的消防安全标志及交通标志宜用反光材料或自发光材料制作。

（5）强化协同。作业现场安全设施设置需要对巡视通道进行封闭隔离时，应征求设备运维单位许可，留有适当数量巡视出入口，仅限运维人员巡视设备用。

3. 安全设施设置与许可

（1）设备运维单位根据方案准备适当数量种类、数量、规格、材质等符合管理要求的安全设施。

（2）设备运维单位、检修（施工）单位严格执行作业现场安全设施标准化设置方案，按照装设安全遮栏、悬挂标示牌、二次安全措施的顺序进行安全设施设置。

（3）同一份变电站（换流站）第一种工作票（含总分票）所列安全设施，应在工作许可前一次性完成。

（4）办理变电站（换流站）第二种工作票开展专业巡视、带电检测、日常维护等流动性作业时，“在此工作！”标示牌不必一次性全部悬挂，可由工作负责人随工作地点转移进行悬挂、拆除。

（5）工作许可人会同工作负责人进行安全措施和安全设施设置情况的现场检查、核对与交底，确认无误后，方可许可开工。

（6）作业过程中，检修（施工）单位负责安全设施的完好性，禁止任何人员擅自移动或拆除设备运维单位设置的安全设施，因工作需要确需改变时应由工作负责人征得工作许可人同意方可进行，工作结束后及时恢复。

（7）工作许可人需要对作业现场安全设施的使用和维护情况进行不定期检查。

（8）变电站安全遮栏设置应按工作票（事故抢修单）所列安全措施的要求，开展危险点分析，查找相关设备检修状态下的危险点及事故隐患，明确预控措施，再进行工作现场安全遮栏设置，并满足表2-1所列安全距离。

表2-1 设备不停电时的安全距离

电压等级（kV）	安全距离（m）	电压等级（kV）	安全距离（m）
10及以下（13.8）	0.70	750	7.20**
20、35	1.00	1000	8.70
63（66）、110	1.50	±50及以下	1.50
220	3.00	±400	5.90*
330	4.00	±500	6.00
500	5.00	±660	8.40

续表

电压等级（kV）	安全距离（m）	电压等级（kV）	安全距离（m）
		±800	9.30
注 表中未列电压等级按高一挡电压等级的安全距离。 *±400kV 数据是按海拔 3000m 校正的，海拔 4000m 时安全距离为 6.00m。 **750kV 数据是按海拔 2000m 校正的，其他等级数据按海拔 1000m 校正的。			

（9）部分停电工作安全距离小于表 2-1 中规定距离的未停电设备，应装设临时遮栏，临时遮栏与带电部分的距离不得小于表 2-2 中规定数值，临时遮栏装设应牢固，并悬挂“止步，高压危险！”标示牌。

表 2-2 作业人员工作中正常活动范围与设备带电部位的安全距离

电压等级（kV）	安全距离（m）	电压等级（kV）	安全距离（m）
10 及以下（13.8）	0.35	750	8.00**
20、35	0.60	1000	9.50
63（66）、110	1.50	±50 及以下	1.50
220	3.00	±400	6.70*
330	4.00	±500	6.80
500	5.00	±660	9.00
		±800	10.10
注 表中未列电压等级按高一档电压等级的安全距离。 *±400kV 数据是按海拔 3000m 校正的，海拔 4000m 时安全距离为 6.80m。 **750kV 数据是按海拔 2000m 校正的，其他等级数据按海拔 1000m 校正的。			

（10）安全遮栏设置要求横平竖直、完整、牢固，遮栏上沿距地面高度不低于1.2m，应有防止遮栏倒伏的措施（如增加围栏底盘重量，加装遮栏地下插孔，加装墙壁固定遮栏支架等），其强度和间隙应满足防护要求，确保设置的安全遮栏是规范状态。为防止遮栏因受力不均匀而断开，作业区域周围的遮栏支撑杆必须具备足够的机械强度和固定稳定度，中间的遮栏支撑杆数量应适当，且遮栏与所有的支撑杆应尽量结合紧密，受力均匀。

（11）设置遮栏时，要对站内作业区域周围的带电部位详尽分析，有效隔离。要查看作业人员的前、后、左、右以及上方有没有母线、引下线带电，有没有相邻间隔带电，有没有直接连接的触头或者引线带电，将这些可能造成工作人员触电的带电部位全部围在工作区域之外。应在工作票、安全告知书中明确告知，并在作业区域合适地点设置专门的危险提示牌。

4. 安全设施拆除与归还

（1）工作终结前，设备运维单位负责检查作业现场安全设施的完好性，防止设施损坏或丢失。

（2）工作终结后，设备运维单位组织拆除现场设置的安全设施，拆除时按照取下二次工作安全措施、标示牌、安全遮栏等顺序执行。

（3）承发包工程项目工作终结时，设备运维单位组织检修（施工）单位进行安全设施拆除工作。

（4）拆除安全设施时要加强保护，不得对安全设施进行破坏性拆除，不得因拆除安全设施破坏施工成品。

（5）设备运维单位要组织清点安全设施类型与数量，履行归还入库手续。

第三章
安全设施标准化设置原则

变电站（换流站）设备按类型可分为敞开式设备（AIS）、GIS设备、HGIS设备；按照功能可分为一次设备、二次设备、辅助设备；按使用环境等可分为户外设备、户内设备；按布置方式可分为中型布置、半高型布置、高型布置；变电站（换流站）常见主接线方式有单母线接线、单母分段接线、双母线接线、桥型接线、角型接线、线变组接线、双母线接线、双母线单（双）分段接线、二分之三接线、四分之三接线等接线方式；常见工作类型有常规检修试验、改（扩）建、带电检测、检查维护等工作。不同设备类型、功能、使用环境、布置方式、接线方式、工作类型的作业现场安全设施标准化设置均存在较大差异。

一、作业现场分类标准

变电站（换流站）检修施工作业现场情况，按停电检修范围、风险等级、管控难度等情况将检修作业划分为大型检修、中型检修、小型检修三类。

1. 大型检修现场

（1）110（66）kV及以上同一电压等级设备全停检修。

（2）一类变电站年度集中检修。

（3）单日作业人员达到 100 人及以上的检修。

（4）其他本单位认为重要的检修。

2. 中型检修现场

（1）35kV 及以上电压等级两个及以上间隔设备同时停电检修。

（2）110kV 及以上电压等级主变压器及三侧设备同时停电检修。

（3）220kV 及以上电压等级母线停电检修。

（4）单日作业人员达到 50~99 人的检修。

3. 小型检修现场

不属于大型、中型的生产作业现场定义为小型作业现场，如单台 35kV 主变压器检修、单一进出线间隔检修、单一设备临停消缺等。

二、安全设施设置基本原则

（1）检修现场遵循“功能分区、定置摆放”原则，整齐摆放新旧设备、材料、机具和工器具、安全工器具、仪器仪表、备品备件、小看板等，各类物品摆放要整齐、稳固、美观。

（2）大型检修现场应设置新设备区、退役设备区、材料区、工器具区、备品备件区和垃圾区等。中型检修现场宜设置材料区、工器具区、备品备件区和垃圾区等。小型检修现场宜使用带有定置化标示的防潮帆布。

（3）现场各功能分区应悬挂（粘贴）醒目的指示牌，或使用带有定置化标示的防潮帆布，不宜使用带有底座或三脚架的指示牌。

（4）材料加工区涉及动火作业时，应使用安全遮栏进行隔离。

三、安全设施分类设置原则

结合设备类型、功能、使用环境、布置方式、接线方式、工作类型的差异化，将变电站（换流站）各类作业现场分为两大类：一是常规检修作业现场，二是施工改造作业现场。

（一）检修运维类作业现场

常见检修运维类作业现场可分为一次设备室外、室内作业现场和二次设备检修作业现场。

1. 一次设备室外作业现场

（1）在室外高压设备上工作，应在工作地点四周装设遮栏，将高压带电部分安全隔离，满足作业人员工作时与带电体之间保持足够的安全距离。工作票可以根据现场实际划分为多个工作区域，但每个工作区域的遮栏出入口只能有一个，且尽可能临近道路或巡视通道旁边，并设有“从此进出！”的指示牌。工作地点四周遮栏上悬挂“止步，高压危险！”标示牌，应在每一方向上都悬挂此牌，且标示牌应朝向遮栏里面，参见图 3-1。

图 3-1 一次设备示意图

（2）临时遮栏只能预留一个出入口，设在临近道路旁边或方便进出的地方，出入口方向应尽量背向或远离带电设备，其大小可根据工作现场的具体情况而定，一般以 1.5~3.0m 为宜。

（3）检修通道和安全遮栏要在满足安全要求的情况下尽可能把作业区域设置最大，以方便作业人员工作和车辆的出入。

（4）若变电站（换流站）内大部分设备停电，只有个别地点保留带电部位，可在带电设备四周装设全封闭的安全遮栏，其他停电设备不再设置安全遮栏，参见图 3-2。

图 3-2　安全遮栏装设示意图

（5）变电站（换流站）全停时，只需要隔离来电侧，可只在各个可能来电侧断路器和隔离开关的操作把手上悬挂“禁止合闸，有人工作！”或“禁止合闸，线路有人工作！”标示牌，根据现场其他危险点，分别设置相关警示类标示，如在工作人员上下的楼梯（爬梯）上设置“从此上下”标示。

（6）在半高型布置的配电装置平台上工作，宜在工作区域一侧与邻近带电设备的通道设封闭临时遮栏并悬挂“止步，高压危险！”标示牌，禁止检修人员通行，另一侧则设半封闭临时遮栏，在工作人员上下的楼梯上悬挂“从此上下！”标示牌。

（7）在高型布置的配电装置平台上工作，要在检修人员可能误走入的任一分支处用小旗绳做临时封闭遮栏并悬挂“止步，高压危险！”标示牌。在工作人员上下的楼梯上悬挂“从此上下！”标示牌。

（8）户外GIS组合电器检修时，因GIS设备具有结构紧凑、无法将检修设备气室与运行设备气室可靠隔离，因此，在做好临时安全遮栏的前提下，应在作业范围内带电设备的气室上装设“运行设备”警示标志，在汇控柜操作把手上悬挂“禁止合闸，有人工作！”或“禁止分闸！”标示牌，不需要在隔离开关或接地刀闸的本体机构处重复悬挂。GIS组合电器出线套管、线路电压互感器、避雷器检修时，防止作业人员误登带电设备，误入其他带电间隔，还应在相邻运行间隔设“运行设备”或“禁止攀登、高压危险”等禁止类标示。

（9）直流换流站单极停电检修时，应在双极公共区域设备与停电区域之间设置安全遮栏，面向停电设备及运行阀厅门口悬挂“止步，高压危险！”标示牌。

（10）办理变电站（发电厂）第二种工作票开展专业巡视、带电检测、日常维护、二次系统工作等流动性作业时，“在此工作！”标示牌不必一次性全部悬挂，可由工作负责人随工作地点转移进行悬挂、拆除。相邻屏（柜）、开关柜不需要悬挂“运行设备”警示标志。

2. 一次设备室内作业现场

室内检修现场具有空间狭小、设备布局紧密等特点，现场安全措施设置不合理，可能会影响检修作业进度和质量。

（1）室内在部分停电的开关柜（或GIS组合电器）上工作，为防止人员误入其他带电间隔，应在禁止通行的检修通道装设封闭安全遮栏，高压配电室入口处悬挂“从此进出！”标示牌。在工作地点相邻和对面运行的开关柜（或GIS组合电器设备气室）悬挂“运行设备”警示标志，涉及出线套管（穿墙套管）作业时，应在相邻运行间隔悬挂

“运行设备”警示标志或“禁止攀登、高压危险”等禁止类标示。

（2）小车开关转至检修位置后，应检查静触头隔离挡板是否可靠锁闭，必要时增设绝缘隔板或锁闭开关柜正面柜门，悬挂“止步，高压危险！”标示牌。

（3）35kV及以下设备的临时遮栏，如因工作特殊需要，可用绝缘挡板与带电部分直接接触进行隔离，但此种挡板必须具有高度的绝缘性能，并经高压试验检验合格。绝缘挡板的装设应考虑绝缘挡板的稳固性，防止装设的绝缘挡板自由脱落或因正常的设备震动而脱落。

（4）办理变电站（发电厂）第二种工作票开展专业巡视、带电检测、日常维护、二次系统工作等流动性作业时，“在此工作！”标示牌不必一次性全部悬挂，可由工作负责人随工作地点转移进行悬挂、拆除。相邻屏（柜）、开关柜不需要悬挂“运行设备”警示标志。

3. 二次设备检修维护作业现场

（1）二次设备作业的范围。

1）在继电保护装置(变压器、电抗器、电力电容器、母线、线路、断路器的保护装置等)上进行的工作。

2）在系统安全自动装置(自动重合闸、备用电源自动投入装置、按频率自动减负荷、故障录波器、稳控装置及其他保证系统稳定的自动装置等）上进行的工作。

3）在控制屏、中央信号屏与继电保护有关的继电器和元件上进行的工作。

4）在连接保护装置的二次回路上进行的工作。

5）在从电流互感器、电压互感器二次侧端子开始到有关继电保护装置的二次回路（对断路器、变压器、互感器等从端子箱开始）上进行的工作。

6）在从继电保护直流分路熔丝开始到有关保护装置的二次回路上进行的工作。

7）在从保护装置到控制屏和中央信号屏间的直流回路上进行的工作。

8）在继电保护装置出口端子排到断路器操作箱端子排的跳、合闸回路上进行的工作。

9）在继电保护专用的光纤通道、高频通道设备回路上进行的工作。

10）在变电站自动化系统（变电站内实现控制、保护、信号、测量等功能的电气二次设备，应用自动控制技术、计算机及网络通信技术，对变电站进行运行操作、信息远传和综合协调的自动化系统）上进行的工作。

11）在站用交直流系统上进行的工作。

（2）二次设备作业的安全设施。

1）在检修屏（柜）前后柜门悬挂“在此工作！”标示牌，在相邻（柜）前后悬挂“运行设备”标志并锁闭，在继电小室门口悬挂“从此进出！”标示牌，参见图3-3。

2）在全部或部分设备运行的屏（柜）作业时，在运行设备的装置机箱（正面）、硬压板、分合把手、切换开关、紧急按钮处分别悬挂“运行设备”标志，或用“运行设备”红布幔遮蔽，做到运行设备与检修设备以明显的标志分区隔离。

图3-3　二次设备安全设置示意图（屏前）

3）在屏（柜）内进行二次配线、更换装置、更换继电器等作业，应视为检修设备，在前后柜门分别悬挂“在此工作！”标示牌，在相邻屏（柜）前后悬挂“运行设备”标志。工作负责人应充分考虑作业风险，宜将检修屏（柜）的端子排、装置机箱（背板）、继电器等元件进行警示隔离，防范误碰、误动运行设备，参见图 3-4。

图 3-4　二次设备安全设置示意图（屏后）

4）间隔检修时应断开与公用设备的电气连接，包括联跳、联合回路、启动失灵回路、电流回路、电压回路等。联跳、联合、启动失灵的硬压板，母线（失灵）保护联跳本间隔的硬压板，以及智能变电站检修间隔的检修压板，宜用“硬压板遮蔽罩”进行隔离，参见图 3-5。

图 3-5　二次设备硬压板遮蔽罩设置示意图

5）临时断开的二次接线、电流回路或电压回路端子应进行明显标示。临时拆断的二次线芯使用红色防护端头，备用线芯使用黑色端头进行安全防护，参见图 3-6。

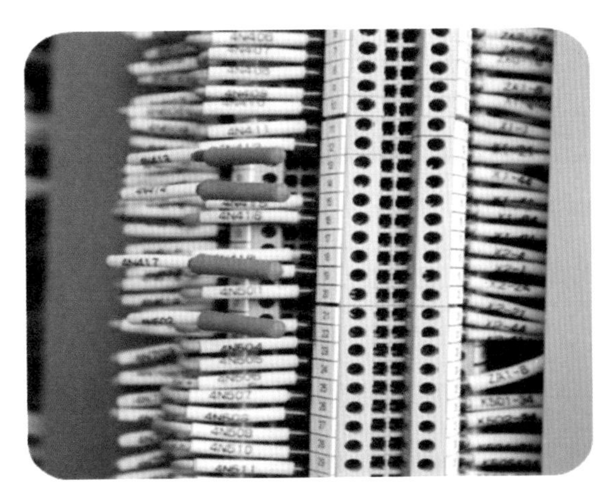

图 3-6　二次接线、电流回路或电压回路端子安全设置示意图

6）公用设备无检修，执行二次工作安全措施票，在其外围回路临时拆接线、短接电流回路等作业时，应将公用设备视为运行设备。作业时应由工作负责人或其指定的专责监护人监护，可仅在作业侧柜门上悬挂“在此工作！”标示牌，不进行其他安全设施设置，措施执行完毕后立即锁闭柜门。

7）临时拔出的光纤、备用纤芯应使用防尘帽进行封堵，参见图 3–7。

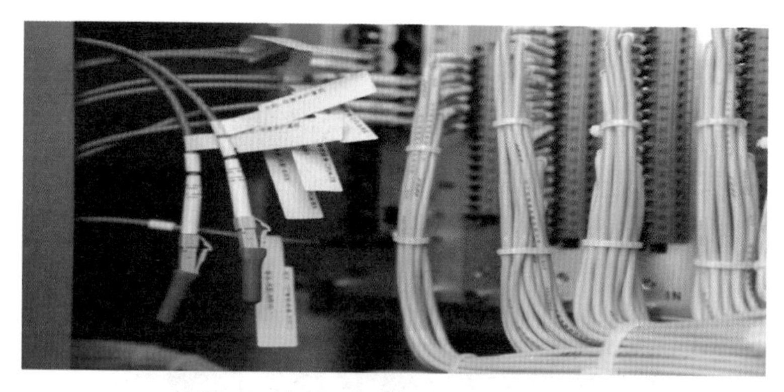

图 3–7　光纤、备用纤防尘帽设置示意图

8）站用交直流电源低压回路上的工作，应在工作地点悬挂“在此工作！”标示牌，相邻运行设备上悬挂“运行设备”标志，在可能来电侧低压断路器、隔离开关操作把手上悬挂“禁止合闸，有人工作！”标示牌，参见图 3–8。

图 3-8　二次设备安全设置示意图

（二）施工改造类作业现场

常见施工改造类作业现场可分为一次设备室外、室内施工改造作业现场和二次设备施工改造作业现场。

1. 一次设备室外施工改造现场

施工改造作业现场具有施工范围大、周期长、安全风险高、不可控安全因素较多的特点，习惯性违章现场时有发生，很不利于现场安全管控，因此除满足检修运维类室外作业现场各项要求外，施工改造类作业现场安全设施设置还应满足以下要求：

（1）对工期10天及以上的改（扩）建施工作业现场，应使用临时硬质安全遮栏将施工区域与运行区域可靠隔离。出入口要围至该电压等级设备区入口处，在出入口悬挂“从此进出！”标示牌，在作业地点悬挂“在此工作！”标示牌。

（2）装设临时硬质安全遮栏时要合理预留巡视操作通道，悬挂巡视通道指示牌，入口上锁，钥匙交由变电运维人员保管。施工作业人员不得擅自经巡视操作通道入口进入运行设备区域。

（3）改（扩）建设备引流线接入运行母线时，母线侧隔离开关、接地刀闸应具备完善的防误闭锁功能。隔离开关在“分闸”位置，接地刀闸在“合闸”位置，断开控制电源、电机电源并设置“禁止操作”明显标示。无法断开电源断路器、二次航空插头的设备，应采取临时拆除控制电源二次接线方式，确保断开电动操作回路。

（4）GIS组合电器设备改（扩）建时，在母线侧隔离开关、接地刀闸手动机械操作孔处应设“禁止操作”明显标示。

（5）变电站改、扩建工程完成时，拆除或改变全封闭安全遮栏，应经当值运行人员同意，由施工、检修人员实施。

2. 一次设备室内施工改造现场

相对室外施工改造作业现场，室内作业现场具有空间狭小、设备布局紧密等特点，因此，在满足检修运维类室内作业现场各项要求外，高压配电室等室内改（扩）建施工作业现场安全设施设置还应满足以下要求：

（1）使用安全遮栏将施工设备与运行设备可靠隔离。出入口要围至高压配电室门口，在遮栏出入口处悬挂“从此进出!”标示牌，在作业地点悬挂“在此工作！”标示牌。

（2）室内 GIS 组合电器设备改（扩）建施工时，改（扩）建设备引流线接入运行母线时，母线侧隔离开关、接地刀闸应具备完善的防误闭锁功能。隔离开关在“分闸”位置，接地刀闸在“合闸”位置，断开控制电源、电机电源并设置“禁止操作”明显标示。无法断开电源断路器、二次航空插头的设备，应采取临时拆除控制电源二次接线方式，确保断开电动操作回路。

（3）室内 GIS 组合电器设备改（扩）建时，在母线侧隔离开关、接地刀闸手动机械操作孔处应设“禁止操作”明显标示。

3. 二次设备施工改造作业现场

除满足检修运维类二次作业现场各项要求外，二次系统改（扩）建施工作业现场安全设施设置（参见图 3-9）还应满足以下要求：

（1）继电小室内应使用安全遮栏对检修通道进行隔离，出入口面向紧邻建筑物的行走通道。

（2）改扩建工程施工作业中应重点防控施工人员误开运行设备屏门，由于施工中屏柜均配置了钥匙，应在变电站对运行设备装设智能控制锁具，将新装屏柜与运行屏柜进行区分，防止施工人员自行开启运行屏柜造成设备误动作等情况发生。

（3）智能变电站改（扩）建设备至公用系统的光纤尾纤应从两端断开并进行标识，改（扩）建保护装置软压板、运行受影响的公用系统软压板应退出。

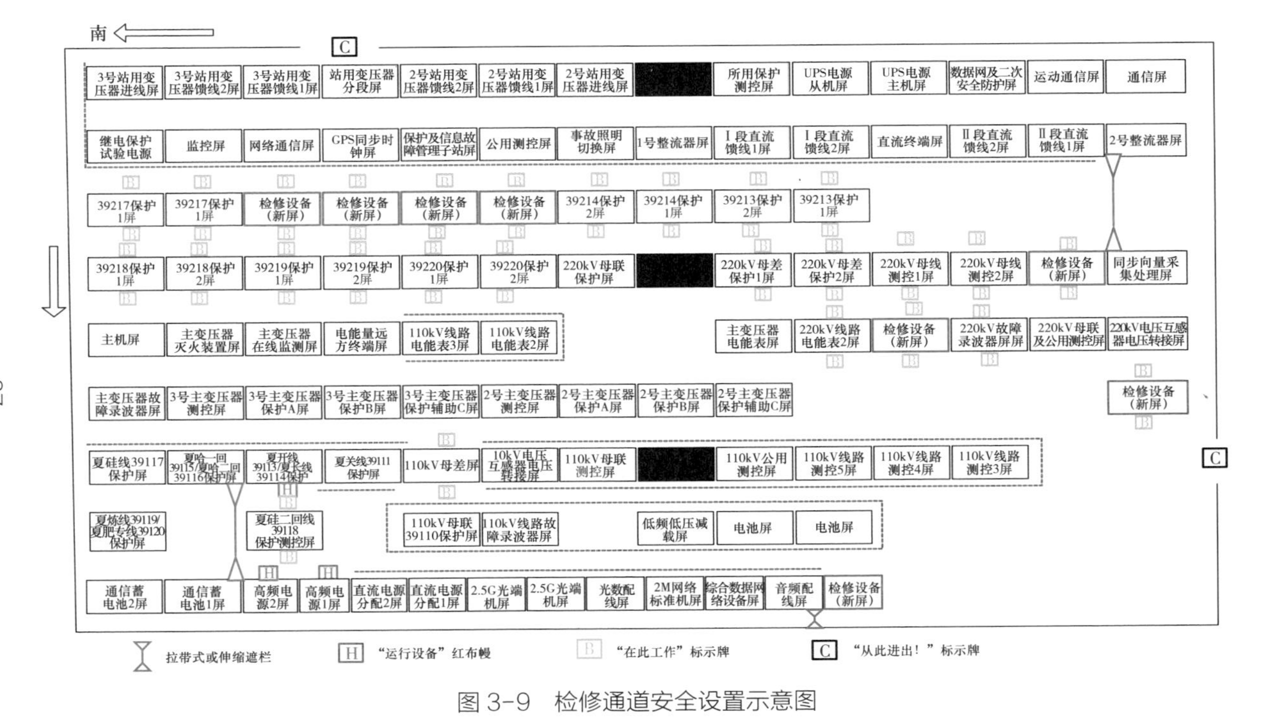

图 3-9　检修通道安全设置示意图

第四章
作业现场常用安全设施

按照《安全标志及其使用导则》《国家电网公司安全设施标准》等规程规定，结合变电站(换流站)各类作业现场工作范围、工作复杂程度对安全设施的要求，将作业现场常用安全设施分为安全遮栏、安全标示牌、辅助安全设施等类别。常用安全设施要符合变电站（换流站）作业地点集中，作业空间狭小、设备布局紧凑的显著特点，应清晰醒目、规范统一、安装可靠、便于维护，安全色和对比色标识符合国家与行业标准，安全设施设置后，不应构成对人身伤害、设备安全的潜在风险或妨碍正常工作。

安全设施所用的颜色应能明确传递安全信息含义，包括红、蓝、黄、绿四种颜色。其中红色传递禁止、停止、危险或提示消防设备、设施的信息；蓝色传递必须遵守规定的指令性信息；黄色传递注意、警告的信息；绿色传递表示安全的提示性信息。为了使安全色更加醒目的反衬色，包括黑、白两种颜色。黑色用于安全标志的文字、图形符号和警告标志的几何边框；白色作为安全标志红、蓝、绿的背景色，也可用于安全标志的文字和图形符号。安全色与对比色同时使用时，应按照表 4–1 搭配使用。

安全色与对比色的相间条纹为等宽条纹，倾斜约 45°。

红色与白色相间条纹表示禁止或提示消防设备、设施的安全标记（如“止步 高压危险”标识牌）；黄色与黑色相间条纹表示危险位置的安全标记（如防止人身跌落的黄黑相间标示硬质遮栏）；蓝色与白色相间条纹表示指令的安全标记，传递必须遵守规定的信息（如施工区域规定标识牌）；绿色与白色相间条纹表示安全环境的安全标记（如“在此工作”标识牌）。

表 4-1　安全措施颜色对照表

安全色	对比色
红色	白色
蓝色	白色
黄色	黑色
绿色	白色

安全标志、采用标牌安装。标志牌标高可视现场情况酌情调整，但对于同一变电站、同类设备（设施）的标志牌标高应统一。标志牌规格、尺寸、安装位置可视现场情况进行调整，但对于同一变电站、同类设备（设施）的标志牌规格、尺寸及安装位置应统一。标志牌应采用坚固耐用的材料制作，并满足安全要求，矩形标志牌应保证边缘光滑，无毛刺，无尖角。夜间作业环境应充分考虑照明条件，有需要

时需要设置荧光或工业级反光材料标志牌。

二次设备屏、端子箱、机构箱等有触电危险或易造成短路的作业场所悬挂的标志牌应使用绝缘材料制作。红布幔应采用纯棉布制作防止静电产生。

一、安全遮栏

变电一次系统安全设施主要包含安全遮栏、标示牌和自设安全标志。安全遮栏作用是隔离检修设备与运行设备；安全标志作用是提醒作业人员作业现场存在或潜在的危险；自设安全标志为运维、检修（施工）人员根据工作需要装设的安全设施。

安全遮栏类型包含永久设置式硬质遮栏、固定式安全遮栏、伸缩式安全遮栏、拉网式安全遮栏和拉带式安全遮栏，以及临时遮栏。

1. 永久设置式硬质遮栏（见图 4-1）

用途：用于隔离检修设备与运行设备，可与其他安全遮栏配合使用。

设置要求：有颜色标识的一面应面向巡视通道或作业区域，“止步，高压危险”标志应面向作业区域。

材质：玻璃纤维。

常用尺寸：5m × 1.2m/ 面、2.5m × 1.2m/ 面

结构：采用格栅结构，两侧加装支撑立杆。

图 4-1　永久设置式硬质遮栏

2. 固定式安全遮栏（见图 4–2）

用途：用于室外大型作业现场、改（扩）建施工现场检修通道的隔离，将作业区域与运行设备区域完全隔离。

设置要求：相邻的遮栏必须紧密锁扣，不得留有空位。金属遮栏必须接地。“止步，高压危险”标志应面向作业区域。

材质：玻璃纤维、合金材料。

常用尺寸：2m × 1.2m/ 面。

结构：采用格栅结构，两侧底部加装支撑支座。

图 4-2　固定式安全遮栏

3. 伸缩式安全遮栏（见图 4-3）

用途：用于封闭禁止通行的通道。

设置要求：应将相邻伸缩式安全遮栏之间的活扣扣好，“止步，高压危险”标志应面向作业区域。

材质：玻璃纤维、合金材料、塑胶。

常用尺寸：3m × 1.25m/ 面。

结构：玻璃钢遮栏片、支撑杆、支座。

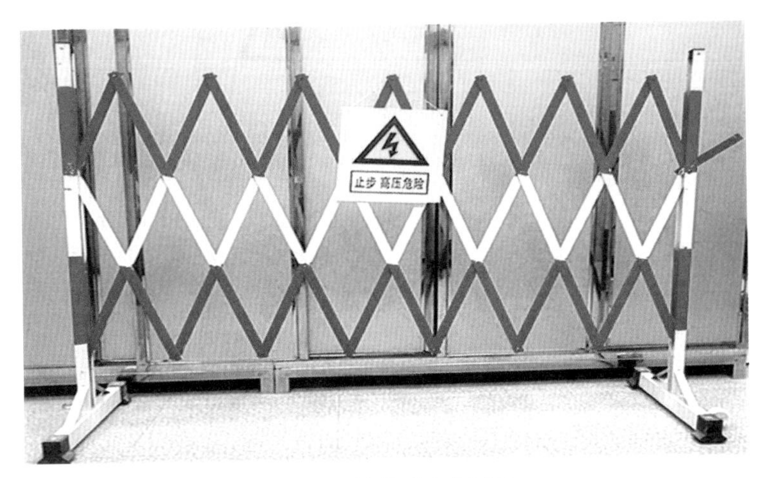

图 4-3 伸缩式安全遮栏

4. 拉网式安全遮栏（见图 4-4）

用途：用于隔离检修设备与运行设备。

设置要求：上下边缘应拉紧、固定，遮栏形状宜做到直边、直角，“止步，高压危险”标志应面向作业区域。

材质：化纤、棉、合金、铸铁、玻璃纤维。

常用尺寸：5m × 1.2m/ 面。

结构：软质网格结构、配合支撑杆、支撑支架使用。

图 4-4 拉网式安全遮栏

5. 拉带式安全遮栏（见图 4-5）

用途：主要用于室内检修通道的隔离。

设置要求：应做到直角直边，不得将拉带缠绕在设备上。

图 4-5 拉带式安全遮栏

材质：化纤、合金、铸铁、塑料。

常用尺寸：高度 1m，筒体的直径 80cm，底盘直径 35cm，拉带长度 3~5m，带宽 5cm。

结构：筒内置伸缩拉带，配合支撑杆、铸铁底盘使用。

6. 临时遮栏

“拉带式临时遮栏”支架使用金属材料，拉带使用绝缘材料，拉带上印有“止步，高压危险！”字样。主要用于封闭保护（控制）室内屏（柜）间隙，设置检修通道，隔离检修与运行区域，样式如图 4-6 所示。

图 4-6　拉带式临时遮栏

二、安全标示牌

变电站施工检修作业现场常用安全标示牌包括禁止、警告、提示等四种基本类型。安全标示牌一般使用通用图形标志和文字辅助标志的组合标志，宜使用衬边，以使安全标示牌与周围环境形成强烈的视觉对比。

1. 禁止标示牌

禁止标示牌的作用是禁止作业人员的不安全行为。配电网作业现场常用的禁止标示牌包括“禁止合闸，有人工作”“禁止合闸，线路有人工作”“禁止分闸”“禁止攀登，高压危险”“施工现场，禁止通行”“禁止跨越”等六类。

禁止标示牌基本型式是长方形衬底牌，衬底色为白色。标示牌上方是禁止标志，使用带斜杠的红色圆边框，斜线倾斜角为45°，表示禁止内容的符号为黑色。标示牌下方是矩形边框衬底的文字辅助标志，衬底色为红色（红 -M100 Y100），文字为黑色黑体字（黑 -K100）。图形上、中、下间隙，左、右间隙相等，参见表4-2。

表4-2　　常用禁止标示牌及设置规范

名称	图形标志示例	设置范围和地点	式样		
			尺寸（mm）	颜色	字样
禁止合闸，有人工作	禁止合闸 有人工作	一经合闸即可送电到检修设备的断路器和隔离开关操作把手上	200×160和80×65	白底，红色圆形斜杠，黑色禁止标志符号	红底黑字

续表

名称	图形标志示例	设置范围和地点	式样		
			尺寸（mm）	颜色	字样
禁止合闸，线路有人工作	禁止合闸 线路有人工作	线路断路器和隔离开关（刀闸）把手上	200×160 和 80×65	白底，红色圆形斜杠，黑色禁止标志符号	红底黑字
禁止分闸	禁止分闸	接地刀闸与检修设备之间的断路器操作把手上	200×160 和 80×65	白底，红色圆形斜杠，黑色禁止标志符号	红底黑字
禁止攀登，高压危险	禁止攀登 高压危险	配电装置构架的爬梯上	500×400 和 200×160	白底，红色圆形斜杠，黑色禁止标志符号	红底黑字
施工现场，禁止通行	施工现场 禁止通行	设置在作业现场遮栏旁，或在禁止通行的作业现场出入口处的适当位置	500×400 和 200×160	白底，红色圆形斜杠，黑色禁止标志符号	红底黑字

续表

名称	图形标志示例	设置范围和地点	式样		
			尺寸（mm）	颜色	字样
禁止跨越	禁止跨越	设置在电力土建工程施工作业现场遮栏旁；设置在深坑、管道等危险场所面向行人	500×400和200×160	白底，红色圆形斜杠，黑色禁止标志符号	红底黑字

2. 提示标示牌

提示标示牌的作用是向作业人员提供某种信息（如标明安全设施或场所旁）。配电网作业现场常用的提示标示牌包括“在此工作”“从此上下”“从此进出”三类。

提示标示牌基本型式是正方形衬底牌，衬底色为绿色（绿 -C100 Y100），中间嵌套白色圆形，圆形距离四周间隙相等。白色圆形内部标注提示的相应文字，文字为黑色黑体字（黑 -K100），字号根据标志牌尺寸和字数调整。常用提示标示牌及设置规范见表 4-3。

表 4-3　　常用提示标示牌及设置规范

名称	图形标志示例	设置范围和地点	式样		
			尺寸（mm）	颜色	字样
在此工作	在此工作	工作地点或检修设备上	250×250和80×80	衬底为绿色，中有直径200mm和65mm白圆圈	黑字，写于白圆圈中部
从此上下	从此上下	工作人员可以上下的铁架、爬梯	250×250	衬底为绿色，中有直径200mm白圆圈	黑字，写于白圆圈中部
从此进出	从此进出 从此进出	工作地点遮栏的出入口处	250×250	衬底为绿色，中有直径200mm白圆圈	黑字，写于白圆圈中部

3. 警告标示牌

警告标示牌的作用是提醒人们对周围环境引起注意，

以避免可能发生的危险。配电网作业现场常用的警告标示牌包括“止步，高压危险”“当心障碍物”“当心坑洞”三类。

警告标示牌基本型式是长方形衬底牌，衬底色为白色。标示牌上方是带黑色边框的正三角形警告标志，三角形内部衬底为黄色（黄 -Y100），表示禁止内容的符号为黑色（黑 -K100）。标示牌下方是矩形黑色边框、白色衬底的文字辅助标志，文字为黑色黑体字（黑 -K100）。图形上、中、下间隙相等。常用警告标示牌及设置规范见表 4-4。

表 4-4　　常用警告标示牌及设置规范

名称	图形标志示例	设置范围和地点	式样		
			尺寸（mm）	颜色	字样
止步，高压危险	止步 高压危险	施工地点临近带电设备的遮栏上；室外工作地点的遮栏上；禁止通行的过道上；高压试验地点；工作地点临近带电设备的横梁上	300×240和200×160	白底，黑色正三角形及标志符号，衬底为黄色	黑字

续表

名称	图形标志示例	设置范围和地点	式样		
			尺寸（mm）	颜色	字样
当心障碍物	当心障碍物	设置在地面有障碍物，绊倒易造成伤害的地点	300×240和200×160	白底，黑色正三角形及标志符号，衬底为黄色	黑字
当心坑洞	当 心 坑 洞	设置在生产现场和通道临时开启或挖掘电缆沟、管沟、孔洞时的四周遮栏上	300×240和200×160	白底，黑色正三角形及标志符号，衬底为黄色	黑字

三、变电二次系统安全设施

1. 标示“运行设备”的安全设施

（1）“运行设备”警示带（自吸式）使用绝缘材料，四角内置磁性吸石，红底印有“运行设备”黄色字样。主要用于封闭保护（控制）室内运行屏（柜），设置检修通道，隔离检修与运行区域，样式见图 4-7。

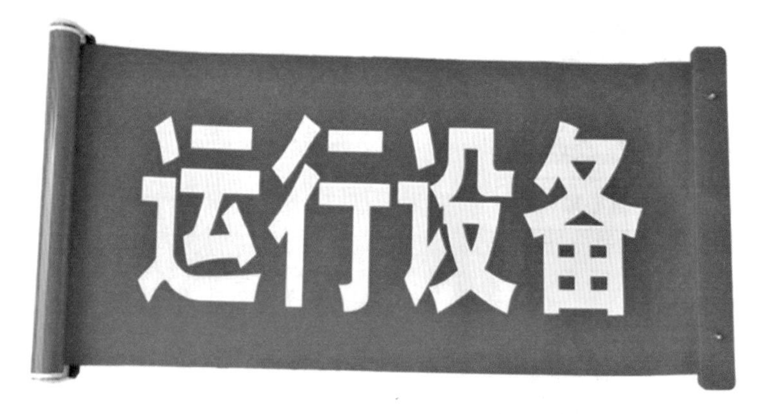

图 4-7 “运行设备”警示带

（2）“运行设备”警示牌（自吸式）使用绝缘透明塑料，四角内置磁性吸石，印有“运行设备”红色字样。主要用于封闭保护（控制）室内运行屏（柜），样式见图 4-8。

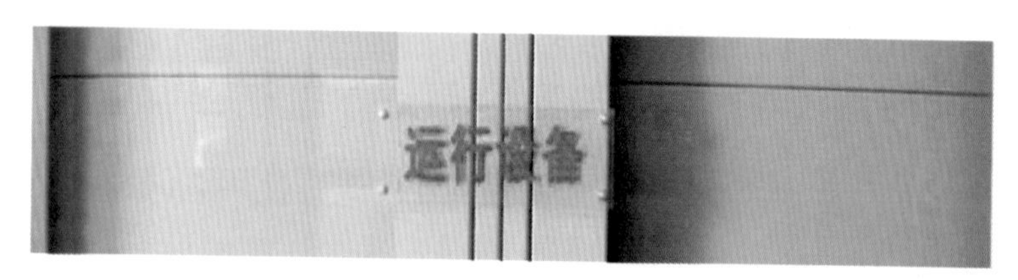

图 4-8 “运行设备”警示牌

（3）“设备运行”红布幔使用不脱色、不脱绒的绝缘棉质布料，四周轧边，尺寸可以多样化，四角可以内置磁性吸石，见图 4-9。主要用于保护（控制）室内隔离运行设备与检修设备，也可以用于遮蔽屏（柜）内部带电运行的装置机箱、控制（切换）开关、空气开关、端子排、连接片、按钮、接触器等电气元件。

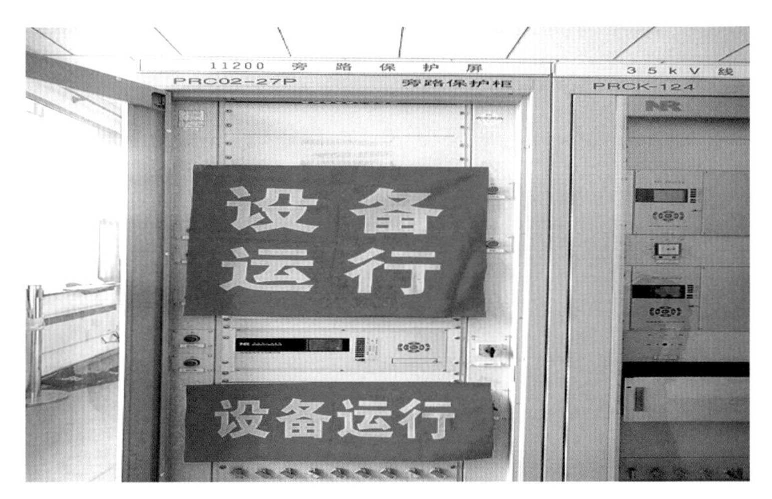

图 4-9 “设备运行”红布幔

1）运维人员布置安全措施时，红布幔应印有“设备运行”黄色字样。检修人员遮蔽端子排、硬压板背板接线时，红布幔可以不印字样。

2）红布幔常用尺寸和适用范围如下：

a. 宽 × 长 = 0.8m × 1.2m，遮蔽整面屏（柜）；

b. 宽 × 长 = 0.2m × 0.7m 或 0.2m × 1.0m，遮蔽端子排；

c. 宽 × 长 = 0.3m × 0.7m 或 0.6m × 0.7m，遮蔽单台装置机箱；

d. 宽 × 长 = 0.1m × 0.15m，遮蔽刀闸（熔丝）、连接片（正面或背面）。

3）红布幔应根据现场实际条件和需求设置，悬挂时应端正、整齐，高度一致，不皱褶，不脱落。

4）“正在运行”隔离罩（自吸式）使用绝缘透明塑料，边缘内置磁性吸石，正面印有“正在运行”红色字样。隔离罩的磁吸力应确保不脱落，左、右两侧可以采用中空方式。主要用于保护（控制）室隔离同一屏（柜）内的运行和检修设备，适用于装置机箱、控制（切换）开关、空气断路器、连续排列的硬压板、按钮、接触器、智能变电站光纤隔离开关等电气元件，参见图 4-10。

图 4-10　“正在运行”隔离罩

2. 硬压板遮蔽罩

使用绝缘复合材料，表面应标示“禁止投入”或“禁止退出”字样。遮蔽罩采用插片式或套筒式结构，主要用于屏（柜）内单一硬压板的防止误投入、误退出隔离措施，样式见图 4–11。

“禁止投入”插片式

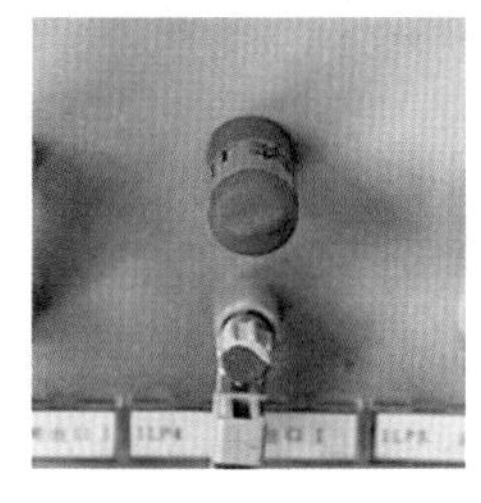

“禁止投入”套筒式

“禁止退出”套筒式

图 4–11 “禁止投入”插片式压板隔离罩、“禁止投入”套筒式压板隔离罩、“禁止退出”套筒式压板隔离罩

3. 二次线防护端头

使用醒目颜色的绝缘复合材料，采用套筒式结构。防护端头直径应与二次线匹配，确保不脱落。主要用于临时断开的二次线裸露部分，或屏（柜）内备用纤芯二次线头。屏（柜）内临时拆断的二次线芯应使用红色防护端头，备用线芯应使用黑色防护端头，样式见图 4–12。

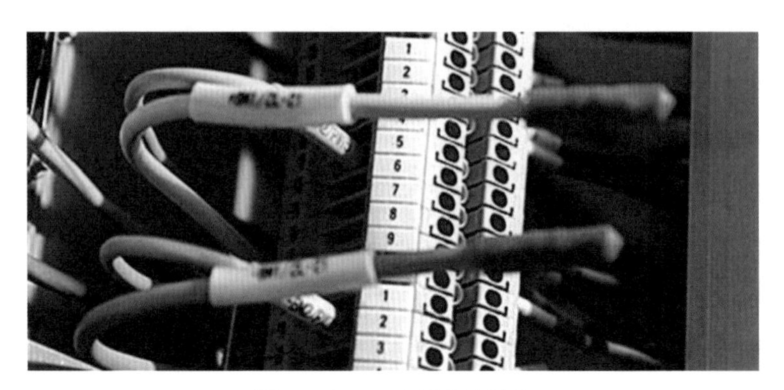

图 4-12　二次线防护端头

4. 接线端子遮蔽罩

使用醒目颜色的绝缘复合材料，必要时可以印有“正在运行”字样，可以采用拉带式、卡扣式或悬挂式布置，拉力、卡合力应确保不脱落，不导致二次接线变形受损。遮蔽罩适用于各种排列方式的接线端子，样式如图 4–13。

（a）拉带式

（b）卡扣式

图 4-13　接线端子遮蔽罩

5. 自吸式“在此工作！”标示牌

使用绝缘复合材料，四角内置磁石，表面印有“在此工作！”字样，尺寸可以多样化。只允许在工作屏（柜）表层吸附面使用，样式见图 4-14。

图 4-14　自吸式“在此工作！”标示牌

6. 一匙通自配式可更换标示牌

由设备加装的一匙通锁具自带“在此工作”及“运行设备”挂牌，并可根据屏柜实际运行状态进行调整，如图 4-15 所示。

图 4-15　一匙通自配式可更换标示牌

四、辅助安全设施

辅助安全标志使用主要包含“运行设备”“上方带电”“禁止操作”“防潮帆布”“绝缘隔板”等。

（1）“运行设备”标志。在标志上印有“运行设备”字样，字面向外侧。

（2）“上方带电”标志。存在较大触电风险的高空作业或起重作业，应根据与带电部分的安全距离，在对应架构立柱上设置“上方带电”标志。

（3）“禁止操作”标志。标有“禁止操作”字样，在GIS组合电器设备隔离开关、接地刀闸手动机械操作孔处设置。

（4）防潮帆布。防潮帆布面积应满足作业现场摆放安全工器具、备品备件等物品的需求，宜进行功能分区标注。

（5）绝缘隔板。绝缘挡板应使用轻型绝缘材料，可以实现便携式安装，颜色醒目。

第五章 安全设施标准化设置范例

根据变电站（换流站）不同接线方式、设备布置方式、类型、作业区域、作业类型等，须采取不同的现场安全预控措施，下面分别举例说明各类型施工检修作业现场安全设施标准化要点及注意事项。

一、检修运维类作业现场

（一）一个半断路器接线设备检修

1. 中断路器停电检修（见图 5-1）

某变电站 330kV 第三串 3330 断路器检修，安全设施要点如下。

（1）在 3330 断路器及电流互感器四周装设安全遮栏，两侧隔离开关应隔离在遮栏之外。

（2）遮栏上悬挂适量“止步，高压危险！”标示牌，字朝向遮栏内侧。

（3）在遮栏出入口悬挂“在此工作！”“从此进出！”标示牌。

（4）在一经合闸即可送电到工作地点的断路器和隔离

开关的操作把手上，悬挂“禁止合闸，有人工作！”标示牌。

安全设施清单如表 5-1 所示。

表 5-1　　　　　　安全设施清单

设施名称	必选●	可选○	备注
安全遮栏	●		
“禁止合闸，有人工作！”标示牌	●		
“止步，高压危险！”标示牌	●		
“在此工作！”标示牌	●		
“从此进出！”标示牌	●		
防潮帆布	●		
“运行设备”标志	●		
“禁止攀登，高压危险”标志		○	

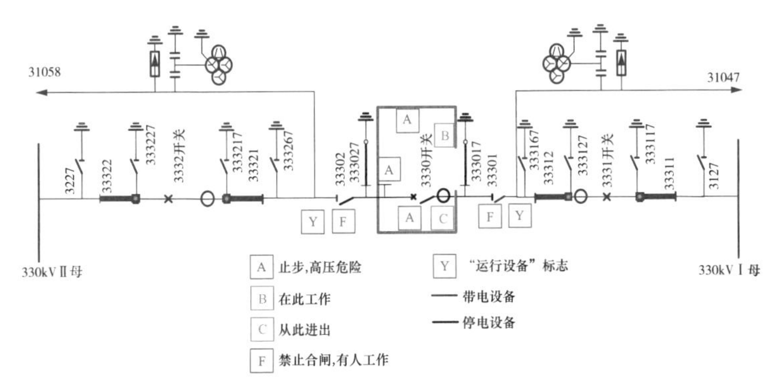

图 5-1　中断路器停电检修安全设施示意图

2. 线路和两组断路器停电检修（见图 5-2）

某变电站 330kV 31047×× 线路电压互感器及避雷器，3331 断路器、33312 隔离开关、3330 断路器、33301 隔离开关检修，安全设施要点如下。

（1）在 3330 断路器及电流互感器、33301 隔离开关、3331 断路器及电流互感器、33312 隔离开关、31047×× 线线路电压互感器及避雷器四周装设安全遮栏，33302 隔离开关、33311 隔离开关应隔离在遮栏之外。

（2）遮栏上悬挂适量“止步，高压危险！”标示牌，字朝向遮栏内侧。

（3）在遮栏出入口悬挂“在此工作！”“从此进出！”标示牌。

（4）在一经合闸即可送电到工作地点的断路器和隔离开关操作把手上，悬挂“禁止合闸，有人工作！”标示牌。

（5）在线路电压互感器二次空开或熔断器上悬挂“禁止合闸，有人工作！”标示牌。

安全设施清单如表 5-2 所示。

表 5-2　安全设施清单

设施名称	必选●	可选○	备注
安全遮栏	●		

续表

设施名称	必选●	可选○	备注
“禁止合闸，有人工作！”标示牌	●		
“止步，高压危险！”标示牌	●		
“在此工作！”标示牌	●		
“从此进出！”标示牌	●		
防潮帆布	●		
“运行设备”标志	●		
“禁止攀登，高压危险”标志		○	

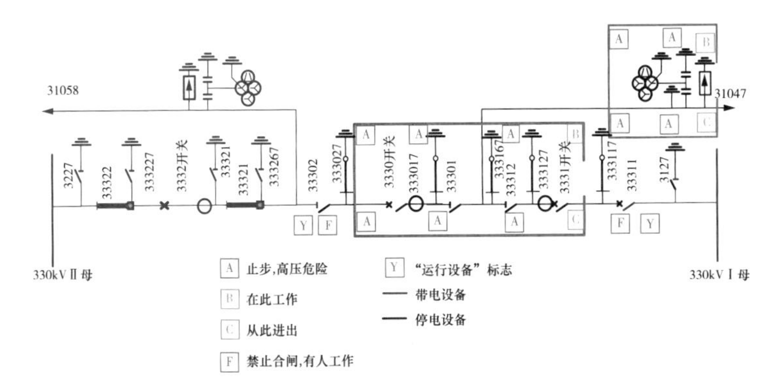

图 5-2 线路和两组断路器停电检修安全设施示意图

（二）变压器及三侧避雷器停电检修

变压器及三侧避雷器停电检修见图 5-3。

某330kV变电站1号主变压器及三侧避雷器检修，330kV侧接线为不完整串，安全设施要点如下。

（1）在1号主变压器及35kV侧避雷器、330kV侧避雷器、110kV侧避雷器四周分别独立设置安全遮栏。

（2）遮栏上悬挂适量“止步，高压危险！”标示牌，字朝向遮栏内侧。

（3）在遮栏出入口悬挂“在此工作！”“从此进出！”标示牌。

（4）在一经合闸即可送电到工作地点的断路器和隔离开关操作把手上悬挂“禁止合闸，有人工作！”标示牌。

（5）打开1号主变压器本体爬梯门，悬挂“从此上下！”标示牌。

（6）在主变压器高压侧电压互感器二次空气断路器或熔断器上悬挂“禁止合闸，有人工作！”标示牌。

安全设施清单如表5-3所示。

表5-3　安全设施清单

设施名称	必选●	可选○	备注
安全遮栏	●		
“禁止合闸，有人工作！”标示牌	●		
“止步，高压危险！”标示牌	●		
“在此工作！”标示牌	●		

续表

设施名称	必选●	可选○	备注
“从此进出！”标示牌	●		
防潮帆布	●		
“从此上下”标示牌	●		
“禁止攀登，高压危险”标志		○	

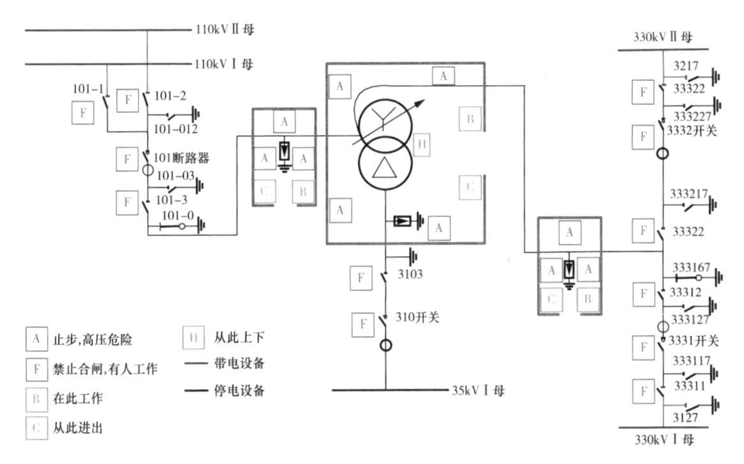

图 5-3　主变压器及三侧避雷器停电检修安全设施示意图

（三）双母线接线设备停电检修

1. 断路器和电流互感器停电检修（见图 5-4）

某变电站 220kV 断路器、电流互感器检修，安全设施要点如下。

（1）在423××线断路器、电流互感器四周装设安全遮栏，423-1、423-2、423-3隔离开关应隔离在遮栏之外。

（2）遮栏上悬挂适量“止步，高压危险！”标示牌，字朝向遮栏内侧。

（3）在遮栏出入口悬挂“在此工作！”“从此进出！”标示牌。

（4）在一经合闸即可送电到工作地点的断路器和隔离开关的操作把手上，悬挂“禁止合闸，有人工作！”标示牌。

安全设施清单如表5-4所示。

表5-4　　安全设施清单

设施名称	必选●	可选○	备注
安全遮栏	●		
“禁止合闸，有人工作！”标示牌	●		
“止步，高压危险！”标示牌	●		
“在此工作！”标示牌	●		
“从此进出！”标示牌	●		
防潮帆布	●		
“运行设备”标志		○	
“禁止攀登，高压危险”标志		○	

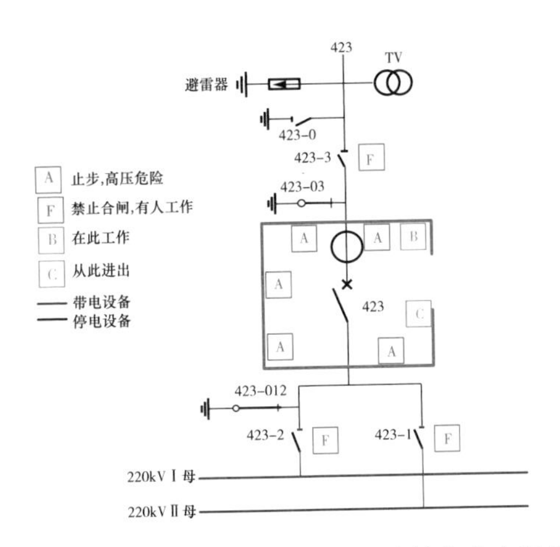

图 5-4　220kV 断路器和电流互感器停电检修安全设施示意图

2. 线路和断路器停电检修（见图 5-5）

某变电站 220kV 423××线断路器、电流互感器和线路电压互感器检修，安全设施要点如下。

（1）在 423××线断路器及电流互感器、线路电压互感器四周分别设置安全遮栏，423-1、423-2、423-3 隔离开关应隔离在遮栏之外。

（2）遮栏上悬挂适量“止步，高压危险！”标示牌，字朝向遮栏内侧。

（3）在遮栏出入口悬挂“在此工作！”“从此进出！”标示牌。

（4）在一经合闸即可送电到工作地点的断路器和隔离开关的操作把手上，悬挂“禁止合闸，有人工作！”标示牌。

安全设施清单如表 5-5 所示。

表 5-5 安全设施清单

设施名称	必选●	可选○	备注
安全遮栏	●		
“禁止合闸，有人工作！”标示牌	●		
“止步，高压危险！”标示牌	●		
“在此工作！”标示牌	●		
“从此进出！”标示牌	●		
防潮帆布	●		
“运行设备”标志		○	
“禁止攀登，高压危险”标志		○	

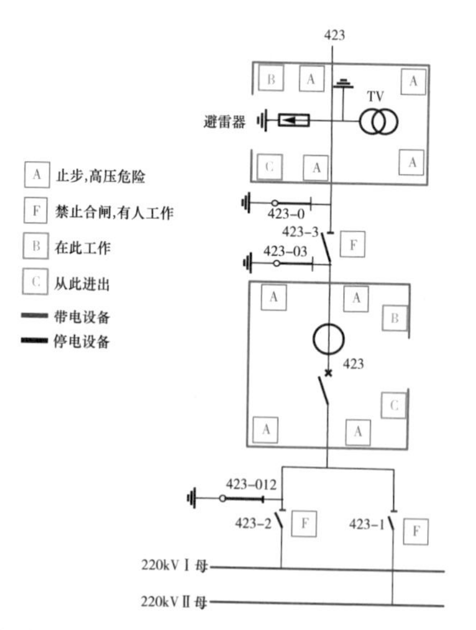

图 5-5 220kV 断路器、电流互感器、线路电压互感器停电检修安全设施示意图

3. 半高型配电装置断路器、电流互感器和Ⅰ母隔离开关停电检修（见图 5-6）

某变电站 220kV 423×× 线断路器、电流互感器和 423-1 隔离开关停电检修，安全设施要点如下。

（1）在 423×× 线断路器及电流互感器、423-1 隔离开关四周分别设置安全围栏，220kV Ⅰ母、423-2 隔离开关、423-3 隔离开关应隔离在遮栏之外。

（2）遮栏上悬挂适量“止步，高压危险！”标示牌，字朝向遮栏内侧。

（3）在遮栏出入口悬挂“在此工作！”“从此进出！”标示牌。

（4）在一经合闸即可送电到工作地点的断路器和隔离开关操作把手上，悬挂“禁止合闸，有人工作！”标示牌。

（5）在作业人员可能误登的带电设备构架上悬挂“禁止攀登，高压危险！”标示牌。

安全设施清单如表 5-6 所示。

表 5-6　　安全设施清单

设施名称	必选●	可选○	备注
安全遮栏	●		
“禁止合闸，有人工作！”标示牌	●		

续表

设施名称	必选●	可选○	备注
“止步，高压危险！”标示牌	●		
“在此工作！”标示牌	●		
“从此进出！”标示牌	●		
防潮帆布	●		
“禁止攀登，高压危险”标示牌	●		
“运行设备”标志		○	

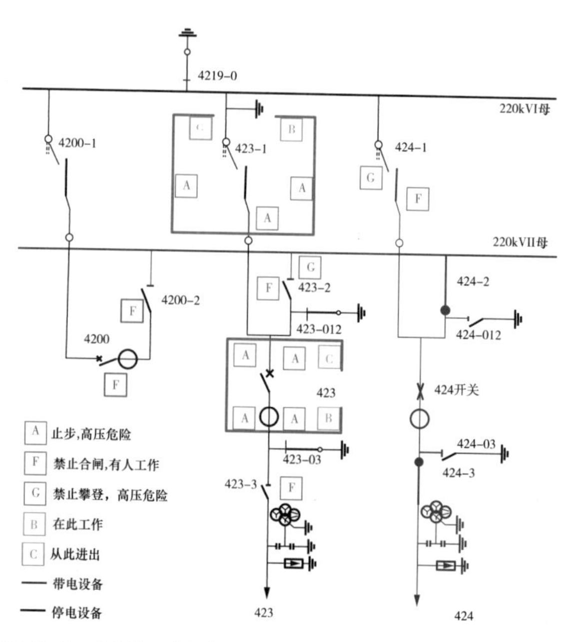

图 5-6　220kV 断路器、电流互感器和母线侧隔离开关停电检修安全设施示意图

4. 主变压器及三侧断路器停电检修（见图 5-7）

以 3 号主变压器、220kV 侧 4203 断路器、110kV 侧 4103 断路器、10kV 侧 503 断路器检修为例，安全设施布置要点：

（1）在 3 号主变压器本体、高压侧 4203 断路器、中压侧 4103 断路器四周分别设置安全遮栏，在 10kV 配电室 3 号主变压器 503 开关柜前设置安全遮栏。

（2）在安全遮栏上悬挂适量“止步，高压危险！”标示牌，字朝向遮栏内侧。

（3）在遮栏出入口处悬挂“在此工作！”“从此进出！”标示牌。

（4）在一经合闸即可送电到工作地点的断路器和隔离开关的操作把手上，悬挂“禁止合闸，有人工作！”标示牌。

（5）打开 3 号主变压器本体爬梯门，悬挂“从此上下！”标示牌。

（6）在 10kV 配电室 3 号主变压器 503 开关柜相邻的 3 号站用变压器、10kV Ⅰ段电压互感器开关柜悬挂“运行设备”红布幔标志。

安全设施清单如表 5-7 所示。

表 5-7　　安全设施清单

设施名称	必选●	可选○	备注
安全遮栏	●		
“禁止合闸，有人工作！”标示牌	●		
“止步，高压危险！”标示牌	●		
“在此工作！”标示牌	●		
“从此进出！”标示牌	●		
“从此上下！”标示牌	●		
防潮帆布	●		
“运行设备”标志	●		
“禁止攀登，高压危险”标志		○	

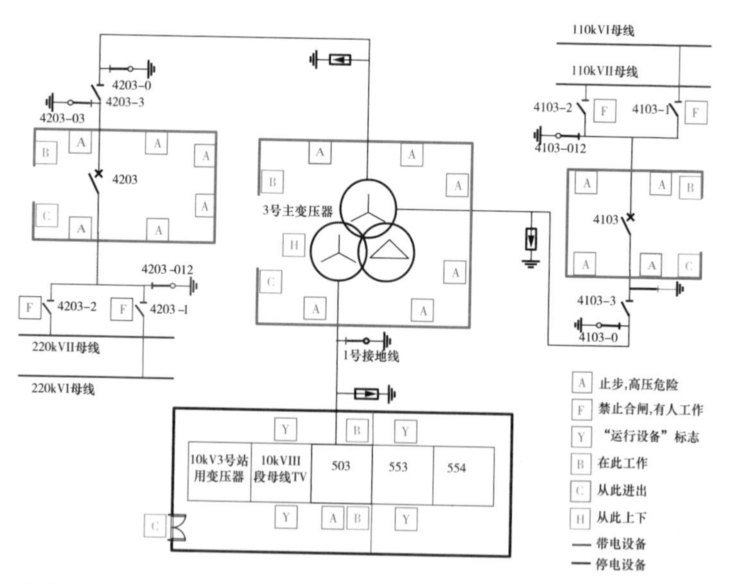

图 5-7　220kV 主变压器及其三侧断路器停电检修安全设施示意图

5. 双母线接线 GIS 组合电器检修（无检修梯，参见图 5-8）

某变电站 110kV 户外 GIS 组合电器母线双层布置，线路电压互感器检修需跨越母线，114×× 线间隔设备检修时安全设施要点如下。

（1）在 114×× 线断路器、电流互感器、汇控柜四周装设安全遮栏，在线路电压互感器、避雷器、出线套管四周装设安全遮栏。

（2）遮栏上悬挂适量“止步，高压危险！”标示牌，字朝向遮栏内侧。

（3）在遮栏出入口悬挂“在此工作！”“从此进出！”标示牌。

（4）在一经合闸即可送电到工作地点的断路器和隔离开关的操作把手上，悬挂“禁止合闸，有人工作！”标示牌。

（5）在 114-1、114-2 隔离开关气室以及 114 间隔母线上悬挂“运行设备”标志。

（6）在相邻运行的 113、115 电气间隔的出线套管、电压互感器构架上悬挂“运行设备”标志。

安全设施清单如表 5-8 所示。

表 5-8　　　　　　　　安全设施清单

设施名称	必选●	可选○	备注
安全遮栏	●		
“禁止合闸，有人工作！”标示牌	●		
“止步，高压危险！”标示牌	●		
“在此工作！”标示牌	●		
“从此进出！”标示牌	●		
防潮帆布	●		
“运行设备”标志	●		
“禁止攀登，高压危险”标志		○	

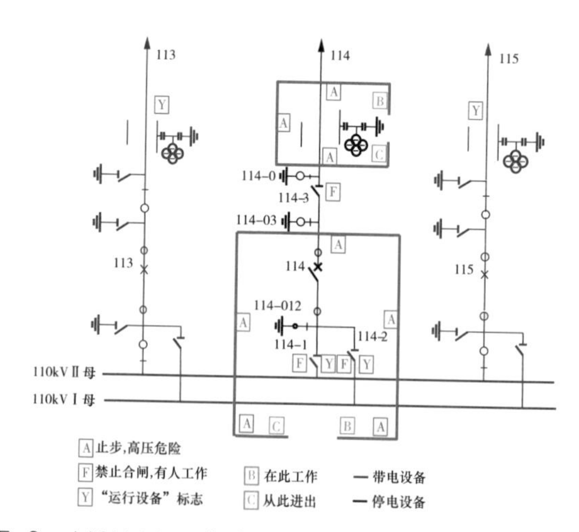

图 5-8　110kV GIS 线路间隔设备停电检修安全设施示意图

（四）单母线分段接线设备停电检修

单母线分段接线设备停电检修见图 5-9。

某 110kV 变电站使用 AIS 室外敞开式设备，111-1 隔离开关检修时安全设施要点：

（1）在 111-1 隔离开关四周装设安全遮栏，将 110kV Ⅰ母和 111 断路器隔离在遮栏之外。

（2）遮栏上悬挂适量“止步，高压危险！”标示牌，字朝向遮栏内侧。

（3）在遮栏出入口悬挂“在此工作！”“从此进出！”标示牌。

（4）在一经合闸即可送电到工作地点的断路器和隔离开关的操作把手上，悬挂“禁止合闸，有人工作！”标示牌。

安全设施清单如表 5-9 所示。

表 5-9　　安全设施清单

设施名称	必选●	可选○	备注
安全遮栏	●		
“禁止合闸，有人工作！”标示牌	●		
“止步，高压危险！”标示牌	●		
“在此工作！”标示牌	●		
“从此进出！”标示牌	●		
防潮帆布	●		

续表

设施名称	必选●	可选○	备注
“运行设备”标志		○	
“禁止攀登，高压危险”标志		○	

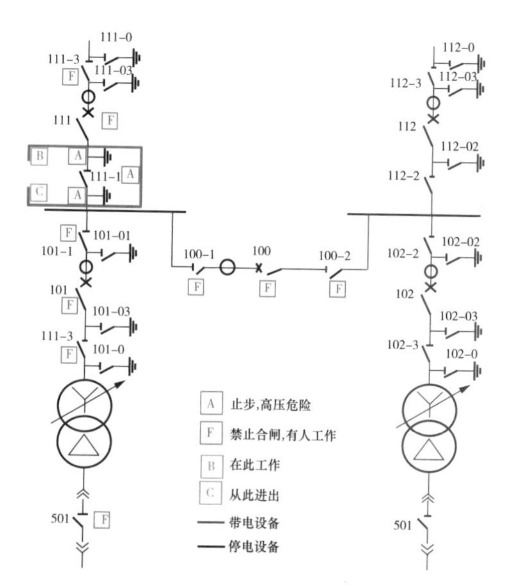

图 5-9　110kV 111-1 隔离开关停电检修安全设施示意图

（五）内桥接线设备停电检修

1. 桥断路器检修（见图 5-10）

某 110kV 变电站内桥接线，使用 GIS 组合电器。100 桥断路器和电流互感器检修时安全设施要点如下。

（1）在100桥断路器和电流互感器四周装设安全遮栏，将100-1、100-2隔离开关隔离在遮栏之外。

（2）遮栏上悬挂适量"止步，高压危险！"标示牌，字朝向遮栏内侧。

（3）在遮栏出入口悬挂"在此工作！""从此进出！"标示牌。

（4）在一经合闸即可送电到工作地点的断路器和隔离开关的操作把手上，悬挂"禁止合闸，有人工作！"标示牌。

（5）在100-1、100-2隔离开关气室，以及安全遮栏内带电气室上悬挂"运行设备"标志。

安全设施清单如表5-10所示。

表5-10 安全设施清单

设施名称	必选●	可选○	备注
安全遮栏	●		
"禁止合闸，有人工作！"标示牌	●		
"止步，高压危险！"标示牌	●		
"在此工作！"标示牌	●		
"从此进出！"标示牌	●		
防潮帆布	●		
"运行设备"标志	●		

续表

设施名称	必选●	可选○	备注
“禁止攀登，高压危险”标志		○	

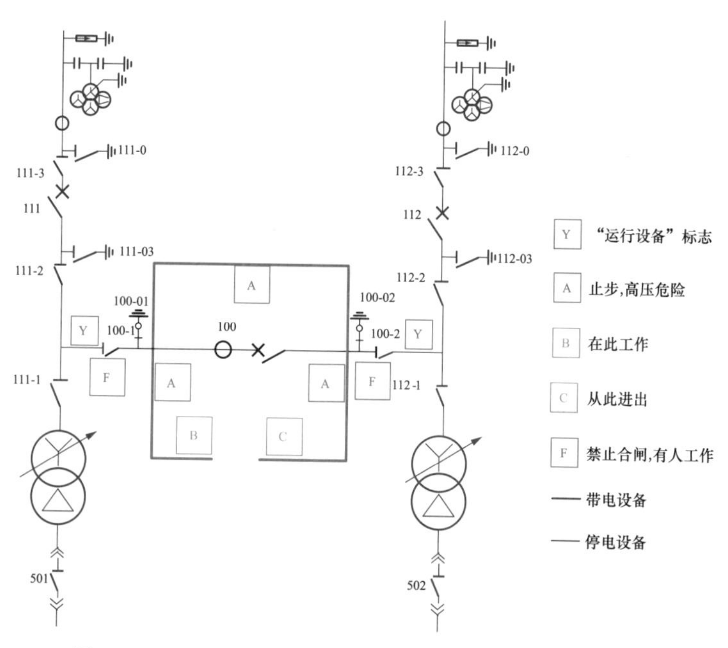

图 5-10 110kV 100 桥断路器停电检修安全设施示意图

2. 桥断路器和 100-2 隔离开关检修（见图 5-11）

某 110kV 变电站内桥接线方式，使用 GIS 组合电器。100 桥断路器、电流互感器和 100-2 隔离开关检修时安全设施要点：

（1）在100桥断路器、电流互感器和100–2隔离开关四周装设安全遮栏，将100–1隔离开关隔离在遮栏之外。

（2）遮栏上悬挂适量“止步，高压危险！”标示牌，字朝向遮栏内侧。

（3）在遮栏出入口悬挂“在此工作！”“从此进出！”标示牌。

（4）在一经合闸即可送电到工作地点的断路器和隔离开关操作把手上，悬挂“禁止合闸，有人工作！”标示牌。

（5）在100–1隔离开关气室，以及安全围栏内带电气室上悬挂“运行设备”标志。

安全设施清单如表5–11所示。

表5–11 安全设施清单

设施名称	必选●	可选○	备注
安全遮栏	●		
“禁止合闸，有人工作！”标示牌	●		
“止步，高压危险！”标示牌	●		
“在此工作！”标示牌	●		
“从此进出！”标示牌	●		
防潮帆布	●		
“运行设备”标志	●		

续表

设施名称	必选●	可选○	备注
“禁止攀登，高压危险”标志		○	

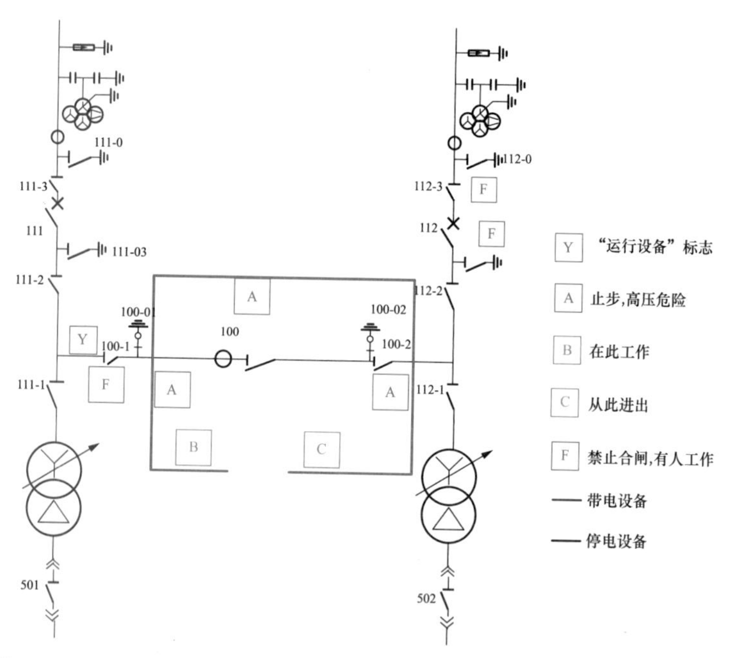

图 5-11　110kV 100 桥断路器和 100-2 隔离开关停电检修安全设施示意图

3. 主变压器停电检修（高压侧无断路器，见图 5-12）

某 110kV 变电站内桥接线方式，使用 GIS 组合电器。2 号主变压器本体检修时安全设施要点：

（1）在2号主变压器本体四周装设安全围栏，将112–1隔离开关隔离在遮栏之外。

（2）遮栏上悬挂适量“止步，高压危险！”标示牌，字朝向遮栏内侧。

（3）在遮栏出入口悬挂“在此工作！”“从此进出！”标示牌。

（4）在一经合闸即可送电到工作地点的112–1隔离开关、502手车开关操作把手上，悬挂“禁止合闸，有人工作！”标示牌。

（5）在2号主变压器爬梯上挂“从此上下！”标示牌。

（6）在112–1隔离开关气室上悬挂“运行设备”标志。

安全设施清单如表5–12所示。

表5–12 安全设施清单

设施名称	必选●	可选○	备注
安全遮栏	●		
“禁止合闸，有人工作！”标示牌	●		
“止步，高压危险！”标示牌	●		
“在此工作！”标示牌	●		
“从此进出！”标示牌	●		
“从此上下！”标示牌	●		
防潮帆布	●		

续表

设施名称	必选●	可选○	备注
“运行设备”标志	●		
“禁止攀登，高压危险”标志		○	

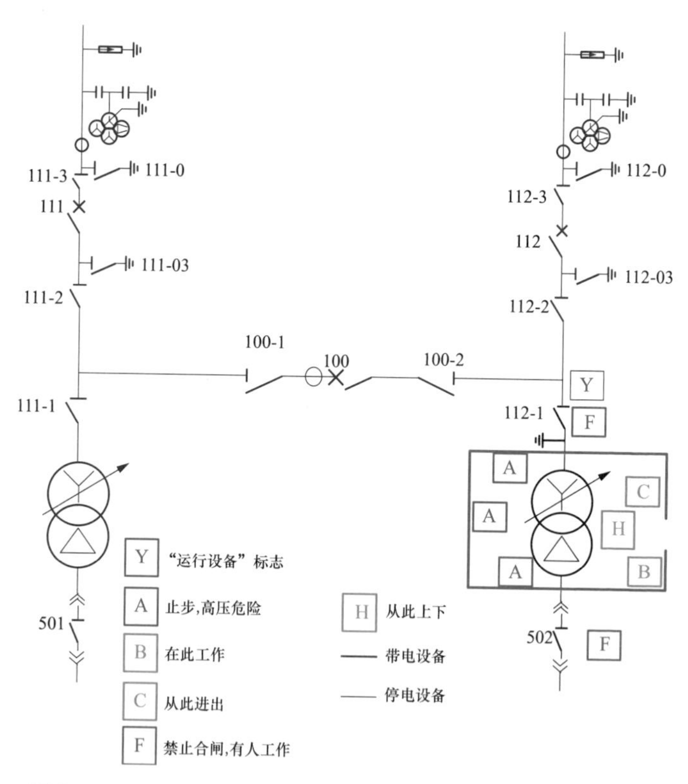

图 5-12　110kV 2 号主变压器本体停电检修安全设施示意图

（六）线路变压器组接线设备检修

线路变压器组接线设备检修见图 5-13。

某 110kV 变电站为“线 - 变”组接线方式，进线 111 断路器间隔检修时安全设施要点：

（1）在 111 断路器及电流互感器、线路电压互感器、避雷器，111-1、111-3 隔离开关四周装设安全遮栏，将 1 号主变压器本体隔离在遮栏之外。

（2）遮栏上悬挂适量“止步，高压危险！”标示牌，字朝向遮栏内侧。

（3）在遮栏出入口悬挂“在此工作！”“从此进出！”标示牌。

（4）在一经合闸即可送电到工作地点的 1 号主变压器 501 手车开关操作把手上，悬挂“禁止合闸，有人工作！”标示牌。

安全设施清单如表 5-13 所示。

表 5-13　　安全设施清单

设施名称	必选●	可选○	备注
安全遮栏	●		
“禁止合闸，有人工作！”标示牌	●		
“止步，高压危险！”标示牌	●		
“在此工作！”标示牌	●		

续表

设施名称	必选●	可选○	备注
“从此进出！”标示牌	●		
防潮帆布	●		
“运行设备”标志		○	
“禁止攀登，高压危险”标志		○	

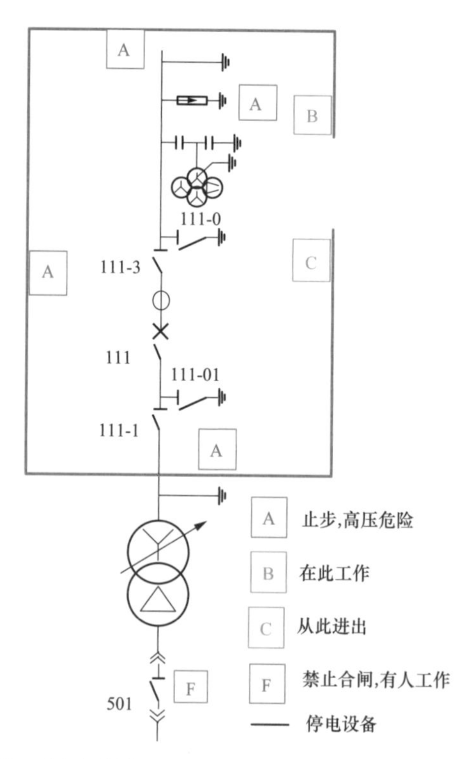

图 5-13　“线 - 变”组接线 110kV 111 断路器间隔停电检修安全设施示意图

（七）变电站全停检修（进线隔离开关和外挂站用变压器带电）

变电站全停检修（进线隔离开关和外挂站用变压器带电）见图 5-14。

某 35kV 变电站仅保留 311 线路和外挂 1 号站用变压器带电运行，其他设备全部停电检修时安全设施要点：

（1）在 35kV 1 号站用变压器和 311-2 隔离开关四周装设全封闭安全遮栏。

（2）遮栏上悬挂适量“止步，高压危险！”标示牌，字朝向遮栏外侧。

（3）在变电站设备区出入口处悬挂“从此进出！”标示牌。

（4）在检修设备上悬挂“在此工作！”标示牌。

（5）在一经合闸即可送电到工作地点的 311-2 隔离开关、561 小车开关操作把手上，悬挂“禁止合闸，有人工作！”标示牌。

（6）在 1 号主变压器爬梯上设“从此上下”标示牌。

安全设施清单如表 5-14 所示。

表 5-14　　安全设施清单

设施名称	必选●	可选○	备注
安全遮栏	●		
“禁止合闸，有人工作！”标示牌	●		
“止步，高压危险！”标示牌	●		
“在此工作！”标示牌	●		

续表

设施名称	必选●	可选○	备注
“从此进出！”标示牌	●		
“从此上下！”标示牌	●		
防潮帆布	●		
“工器具区”指示牌		○	
“运行设备”标志		○	
“备品备件区”指示牌		○	
“禁止攀登，高压危险”标志		○	

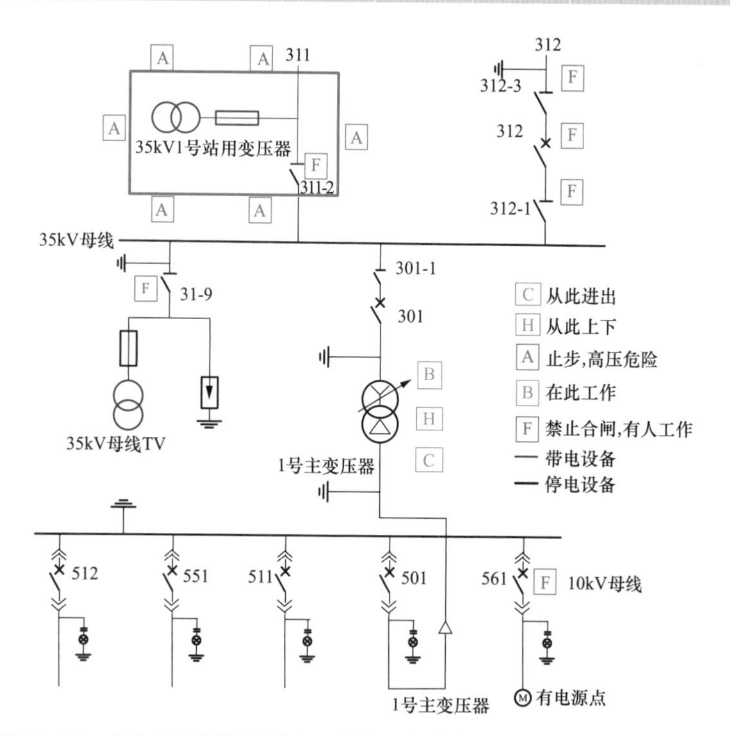

图 5-14　变电站局部保留带电，其他设备全部停电检修安全设施示意图

（八）高压配电室小车开关停电检修

高压配电室小车开关停电检修见图 5-15。

某变电站 10kV 高压配电室 513 手车开关和电流互感器停电检修时安全设施要点：

（1）以 513 开关柜、500 开关柜连接处为基准，在柜前、柜后检修通道装设安全遮栏。

（2）遮栏上悬挂适量“止步，高压危险！”标示牌，字朝向 513 开关柜方向。

（3）在 10kV 高压配电室入口处悬挂“从此进出！”标示牌。

（4）在 513 开关柜前门、后门分别悬挂“在此工作！”标示牌。

（5）在与 513 开关柜后部上柜门，以及相邻的 512、560 开关柜前门、后门分别悬挂“运行设备”标志，在 513 对面的 523 开关柜前门悬挂“运行设备”标志。

安全设施清单如表 5-15 所示。

表 5-15　　安全设施清单

设施名称	必选●	可选○	备注
安全遮栏	●		
“止步，高压危险！”标示牌	●		
“在此工作！”标示牌	●		

续表

设施名称	必选●	可选○	备注
“从此进出！”标示牌	●		
防潮帆布	●		
“运行设备”标志	●		
“禁止攀登，高压危险”标志		○	

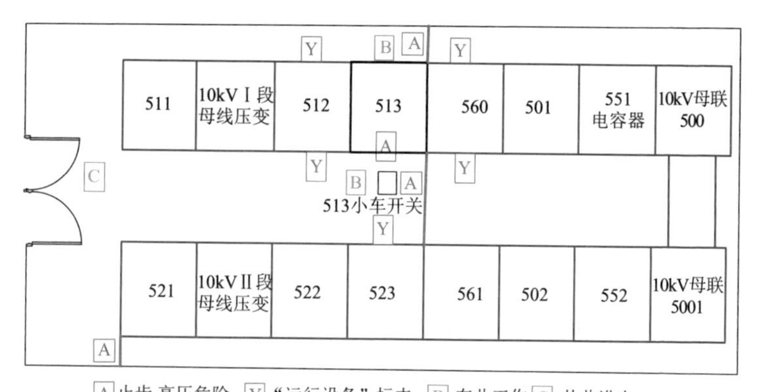

图 5-15　10kV 手车开关停电检修安全设施示意图

（九）高压直流换流站停电检修

高压直流换流站停电检修见图 5-16。

某直流换流站单极直流系统检修时安全设施要点：

（1）在极Ⅰ换流变压器、极Ⅰ阀厅、直流场四周装设安全遮栏，将直流场公共区域设备隔离在遮栏之外。

（2）遮栏上悬挂适量“止步，高压危险！”标示牌，字朝向极Ⅰ侧。

（3）在换流变压器遮栏出入口、极Ⅰ阀厅门口、极Ⅰ直流场门口分别悬挂“在此工作！”“从此进出！”标示牌。

安全设施清单如表5-16所示。

表5-16　　安全设施清单

设施名称	必选●	可选○	备注
安全遮栏	●		
“禁止合闸，有人工作！”标示牌	●		
“止步，高压危险！”标示牌	●		
“在此工作！”标示牌	●		
“从此进出！”标示牌	●		
“工器具区”指示牌		○	
“备品备件区”指示牌		○	
“垃圾区”指示牌		○	
“材料加工区”指示牌		○	
“禁止攀登，高压危险”标志		○	
“运行设备”标志		○	

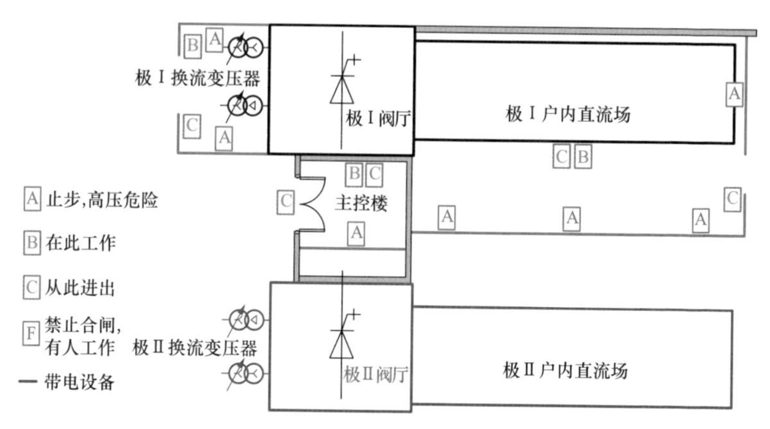

图 5-16　高压直流系统单极停电检修安全设施示意图

（十）案例分析

1. 案例 1　误入带电间隔

2015 年 3 月 18 日，某 110kV 变电站 2 号主变压器带 35kV Ⅱ段母线运行；35kV Ⅰ段母线及电压互感器、××341、××347 断路器及线路处于检修状态，备用 345 断路器、1 号主变压器 301 断路器、××343 断路器处于冷备用状态，××343 开关柜线路侧带电。

因前一日该变电站 35kV Ⅰ段母线故障，造成 1 号主变压器 301 断路器后备保护跳闸。3 月 18 日上午，经变电检修人员现场检查测试后，最终确定 35kV××341 开关柜 A、B 相、××347 开关柜 C 相及Ⅰ母压变压器 C 相共 4 只上触头盒绝缘损坏，并制定了检修方案。

16 时 00 分，运维站值班人员洪 ×× 许可工作负责人曹 ×× 持变电第一种工作票开工（工作任务为：在备用 345 开关柜拆除上触头盒；在 35kV ××341 开关柜、××347 开关柜、Ⅰ段母线电压互感器柜更换上触头盒），许可人向工作负责人交待了带电部位和注意事项，说明了临近仙霞 343 线路带电（××343 断路器为冷备用状态，但手车已被拉出开关仓，且触头挡板被打开，柜门掩合）。

16 时 10 分，曹 ×× 安排章 ××、赵 ×、王 × 负责 35kV 备用 345 开关柜上触头盒拆除和 ××341 开关柜 A、B 相上触头盒更换及清洗；安排胡 ××、齐 ×× 负责 ××347 及Ⅰ母压变压器 C 相上触头盒更换及清洗，进行了安全交底后开始工作。

17 时 55 分左右，工作班成员赵 × 在无人知晓的情况下误入邻近的 ××343 开关柜内（柜内下触头带电）。1min 后，现场人员听到响声并发现其触电倒在 343 开关柜前，右手右脚电弧灼伤。

事故原因分析：

（1）安全措施不完备，工作负责人、工作许可人开工前未再次检查核对设备，未对 ××343 开关柜采取隔离措施。违反《电力安全工作规程（变电部分）》（后简称《安规》）7.5.3“在室内高压设备上工作，应在工作地点两旁及对面运行设备间隔的遮栏（围栏）上和禁止通行的过道遮栏（围栏）上悬挂‘止步，高压危险！’的标识牌”；6.4.1.1“会同工作负责人到现场再次检查所做的安全措施，对具体的设备指明实际的隔离措施，证明检修设备确无电压”的规定。

（2）工作班成员赵 × 没有认真核对设备名称、编号和位置，擅自打开开关柜门进行工作，导致误入带电间隔。违反《安规》6.3.11.5“工作班成员：a）熟悉工作内容、工作流程，掌握安全措施，明确工作中的危险点，并在工作票上履行交底签名确认手续。b）服从工作负责人（监护人）、专责监护人的指挥，严格遵守本规程和劳动纪律，在确定的作业范围内工作，对自己在工作中的行为负责，互相关心工作安全”的规定。

（3）工作负责人没有认真履行监护职责。违反《安规》6.3.11.2“工作负责人（监护人）： e) 督促工作班成员遵守本规程，正确使用劳动防护用品和安全工器具以及执行现场安全措施”；6.5.1“工作负责人、专责监护人应始终在工作现场，对工作班人员的安全认真监护，及时纠正不安全的行为”的规定。

2. 案例 2　擅自移开遮栏解锁触电

2013 年 4 月 12 日 9 时 40 分，某供电公司变电检修室工作负责人焦××、工作班成员叶××、刘×到达某35kV变电站，处理10kV××线456断路器遥控跳闸后合不上的缺陷。在办理工作许可手续后，焦××召开开工会，强调10kV××线有电，不得打开456开关柜后柜门（××线开关柜为1997年产的XGN2-10型开关柜）。经过反复调试，10kV××线456断路器仍然机构卡涩，合不上。20时10分，焦××、叶××两人在开关柜前研究进一步解决机构卡涩问题的方案时，刘×擅自从开关柜前柜门上取下后柜门解锁钥匙，移开遮栏，打开后柜门欲向机构连杆处加注机油，当场触电倒地，经抢救无效死亡。

事故原因分析：

（1）工作班成员刘×在工作中擅自移开遮栏，擅自解锁开启开关柜后柜门作业。违反《安规》5.1.4“无论高压设备是否带电，作业人员不得单独移开或越过遮栏进行工作；若有必要移开遮栏时，应有监护人在场，并符合表1的安全距离”；7.5.8“禁止作业人员擅自移动或拆除遮栏（围栏）、标示牌”；5.3.6.5“所有操作人员和检修人员禁止擅自使用解锁工具（钥匙）”的规定。

（2）10kV××线开关柜五防闭锁不完善。开关柜在断路器停电而线路带电的情况下，无法闭锁开关柜后柜门。违反变电《安规》5.3.5.3“高压电气设备都应安装完善的防误操作闭锁装置”的规定。

（3）工作负责人焦 ×× 监护责任不落实，焦 ×× 在与叶 ×× 研究进一步解决机构卡涩问题的方案时，注意力分散，造成刘 × 失去监护。违反《安规》6.5.1“工作负责人、专责监护人应始终在工作现场，对工作班人员的安全认真监护，及时纠正不安全的行为”的规定。

（4）解锁钥匙保管不当。违反《安规》5.3.6.5“解锁工具（钥匙）使用后应及时封存并做好记录”的规定。

3. 案例 3　打开带电间隔后门确认设备引起弧光短路灼伤

2002 年 4 月 1 日，某修试分公司对某变电站 35kV Ⅱ母电压互感器、避雷器进行预防性试验。变电站运行人员倒闸操作后，发现所退出的 35kV Ⅱ母电压互感器手车柜上未接避雷器后，要求该项工作负责人孙 × 等人打开电压互感器间隔柜后门寻找避雷器。经双方现场管理人员协商，孙 × 等人在生技部专工现场监督指导下，协助变电站运行人员共同寻找避雷器。打开该间隔后门后，发现有 35kV 氧化锌避雷器一组，当双方现场人员蹲在该柜后门处研究确认时，不慎引起右边相避雷器弧光短路，电弧将蹲在柜门后侧的工作负责人孙 × 右手手背约 1/4 面积轻度灼伤，工作班成员任 ×× 左手局部被微灼。

事故原因分析：

（1）现场人员在未落实保证安全的组织措施和技术措施情况下，违章打开带电的电压互感器柜后门研究确认设备时，没有与带电设备保持足够的安全距离，引起右边相电压互感器弧光短路。违反《安规》5.1.4“无论高压设备是否带电，作业人员不得单独移开或越过遮栏进行工作；若有必要移开遮栏时，应有监护人在场，并符合表1的安全距离”的规定。

（2）在高压设备上工作，工作票的签发人、工作负责人及运行人员不熟悉设备情况，开工前未组织现场勘察。违反变电《安规》6.2“变电检修（施工）作业，工作票签发人或工作负责人认为有必要现场勘察的，检修（施工）单位应根据工作任务组织现场勘察，并填写现场勘察记录。现场勘察由工作票签发人或工作负责人组织”的规定。

4. 案例4　误登带电设备电弧烧伤

1999年4月22日，某电力工程公司变电安装二班对承建的110kV花园变35kV、10kV设备进行消缺（主变压器已投运），班长叶××与张××负责消除10kV设备缺陷。现场未办理工作票，张××到控制室取出10kV高压配电室钥匙，独自拿上扳手进入10kV高压配电室，沿101断路器间隔后网门防误锁具向上攀登，准备进行缺陷处理时，过桥母线对人体放电，造成10kV过桥母线三相弧光短路，主变压器差动保护动作，断路器跳闸，同时张××从1.2m高处坠落，其肩臂部、胸部电弧灼伤。

事故原因分析：

（1）现场未办理工作票，单人工作。违反变电《安规》5.4.2“在高压设备上工作，应至少由两人进行，并完成保证安全的组织措施和技术措施”；6.5.2“所有工作人员（包括工作负责人）不许单独进入、滞留在高压室、阀厅内和室外高压设备区内”；6.3.11.5“工作班成员：b）服从工作负责人（监护人）、专责监护人的指挥，严格遵守本规程和劳动纪律，在确定的作业范围内工作，对自己在工作中的行为负责，互相关心工作安全”的规定。

（2）变电站高压室钥匙管理不规范。违反《安规》5.2.6“高压室的钥匙至少应有3把，由运维人员负责保管，按值移交。1把专供紧急时使用，1把专供运维人员使用，其他可以借给经批准的巡视高压设备人员和经批准的检修、施工队伍的工作负责人使用，但应登记签名，巡视或当日工作结束后交还”的规定。

5. 案例5　开关柜内测量尺寸误碰变压器侧净触头触电

2013年10月19日，某电力检修公司作业人员在220kV

某变电站进行 2 号主变压器 35kV Ⅲ段母线进线开关柜尺寸测绘等工作。工作班成员共 8 人，其中该电力检修公司 3 人，卢 × 担任工作负责人；设备厂家技术服务人员陈 ×、林 ×、刘 × 等 5 人，陈 × 担任厂家项目负责人。

运行人员按照工作票要求做好现场安全措施，许可卢 × 工作，并强调了 2 号主变压器 35kV Ⅲ段母线进线开关柜内变压器侧带电。

10 时左右，卢 × 持工作票召开班前会，进行安全交底和工作分工后，工作班开始工作。在进行 2 号主变压器 35kV Ⅲ段母线进线开关柜内部尺寸测量工作时，陈 × 向卢 × 提出需要打开开关柜内隔离挡板进行测量，卢 × 未予以制止，随后陈 × 将核相车（专用工具车）推入开关柜内打开了隔离挡板，让林 × 进入开关柜内测量尺寸。

10 时 18 分，林 × 在柜内进行尺寸测量时，触及 2 号主变压器 35kV 三段母线进线开关柜内变压器侧静触头，引发三相短路事故，林 × 当场死亡，在柜外的卢 ×、刘 × 被电弧灼伤。

事故原因分析：

（1）现场作业人员对设备带电部位、作业危险点不清楚，在 2 号主变压器带电运行、进线开关变压器侧静触头带电的情况下，违规打开 35kV 三段母线进线开关柜内隔离挡板进行测量，触及变压器侧静触头。违反变电《安规》6.3.11.5“工作班成员：a）熟悉工作内容、工作流程，掌握安全措施，明确工作中的危险点，并在工作票上履行交底签名确认手续”；4.4.4“参与公司系统所承担电气工作的外单位或外来人员应熟悉本规程，经考试合格，并经设备运维单位认可，方可参加工作。工作前，设备运维单位应告知现场电气设备接线情况、危险点和安全注意事项”；7.5.4“高压开关柜内手车开关拉出后，隔离带电部位的挡板封闭后禁止开启，并设置‘止步，高压危险！’的标志牌”的规定。

（2）工作负责人未能正确安全地组织工作。违反变电《安规》6.3.11.2“工作负责人（监护人）：c）工作前，对工作班成员进行工作任务、安全措施、技术措施交底和危险点告知，并确认每个工作班成员都已签名”的规定。

6. 案例 6　误踩踏造成手车开关隔离板活门开启触电

2009 年 3 月 17 日，某供电局 220kV 某变电站 35kV 电容器开关及电容器由运行转检修，进行预试和 3613 刀闸检修。完成工作许可后，9 时 30 分，工作负责人变更为何 ×。11 时试验工作结束。

11 时 20 分左右，开关一班刘 ××、丁 ×、张 ×、穆 ×× 完成其他站的工作后，会同到该变电站参加检修。工作负

责人何 × 在 35kV 开关柜检修现场向 4 位开关一班工作人员交代工作任务、工作范围、安全措施及带电部位等，4 位工作人员现场确认并在工作票上签名。小组负责人丁 × 进行工作分工后，开始 361 手车开关检修保养工作。工作分工是：刘 ×× 外观检查手车轨道，穆 ×× 和张 × 清扫检修手车开关。

11 时 24 分，其他检修人员正在检查手车开关，小组负责人（监护人）也在注视开关检查的工作。突然，听到绝缘隔板活门发出开合动作的声音，同时，一团弧光、烟雾喷出开关柜，发现柜内检查手车开关轨道的刘 ×× 倒坐在地，穿着的非棉质衣服在电弧的作用下燃烧并发生粘连，送医院抢救无效死亡。

事故原因分析：

（1）安全措施不完善，安全交底不到位，导致工作班人员踩踏隔离板活门传动连杆后，隔板活门开启，身体对带电体安全距离不够导致触电。违反《安规》6.5.1“工作许可手续完成后，工作负责人、专责监护人应向工作班成员交代工作内容、人员分工、带电部位和现场安全措施，进行危险点告知，并履行确认手续，工作班方可开始工作”；7.5.4“高压开关柜内手车开关拉出后，隔离带电部位的挡板封闭后禁止开启，并设置‘止步，高压危险！’的标示牌”的规定。

（2）工作班成员未按照规定穿着工作服，在电弧的作用下迅速燃烧并发生粘连，加重了电弧灼伤的程度。违反《安规》4.3.4“进入作业现场应正确佩戴安全帽，现场作业人员应穿全棉长袖工作服、绝缘鞋”的规定。

（3）工作监护制度执行不力。工作负责人、小组负责人（监护人）在分配工作任务后，没有始终在工作现场，未能及时发现并有效制止当事人的不安全行为。违反《安规》6.5.1“工作负责人、专责监护人应始终在工作现场，对工作班人员的安全认真监护，及时纠正不安全的行为”的规定。

7. 案例 7　误登带电间隔触电灼伤

2006 年 3 月 3 日，某 220kV 变电站由外包单位某电气安装公司对潘花乐 1230、新中 1377 正母闸刀刷漆。工作许可后，工作负责人对两名油漆工（系外包单位雇用的油漆工）进行有关安全措施交底并在履行相关手续后，开始油漆工作。

13 时 30 分，完成了潘花乐 1230 正母闸刀油漆工作后，工作监护人朱 ×× 发现潘花乐 1230 正母闸刀垂直拉杆拐臂处油漆未刷到位，要求油漆工负责人汪 ×× 在新中 1377 正母闸刀油漆工作完成后，对潘花乐 1230 正母闸刀垂直拉杆拐臂处进行补漆。

14 时，工作负责人朱 ×× 因要商量第二天的工作，通知油漆工负责人汪 ×× 暂停工作，然后离开作业现场。而

油漆工负责人汪 ××、毛 ×× 为赶进度，未执行暂停工作命令，继续工作，在补漆时走错间隔，攀爬到与潘花乐 1230 相邻的潘荷新 1229 间隔的正母闸刀上，当攀爬到距地面 2m 左右时，潘荷新 1229 正母闸刀 A 相对油漆工毛 ×× 放电，造成 110kV 母线停电和人身灼伤，并且导致由该变电站供电的 3 个 110kV 变电站失压。

事故原因分析：

（1）工作负责人朱 XX 暂时离开工作现场未指定能胜任的人员临时代替。违反《安规》6.5.4“工作期间，工作负责人若因故暂时离开工作现场时，应指定能胜任人员临时代替，离开前应将工作现场交待清楚，并告知工作班成员。原工作负责人返回工作现场时，也应履行同样的交接手续”的规定。

（2）油漆工汪 ××、毛 ×× 为赶进度，未执行监护人暂停工作的命令，现场工作失去监护，误登带电设备。违反《安规》6.3.11.5“工作班成员：b）服从工作负责人（监护人）、专责监护人的指挥，严格遵守本规程和劳动纪律，在确定的作业范围内工作，对自己在工作中的行为负责，互相关心工作安全”的规定。

8. 案例 8　清扫线路刀闸误入带电间隔触电

2006 年 3 月 17 日，某供电公司变电检修工区，按照月度计划对 110kV 某变电站一次设备进行定检、预试和清扫。根据工作分工，某电力劳动服务队承担 35kV 一次设备的清扫工作，工作票由变电检修工区试验班工作负责人寇 ×× 办理并担任监护人。8 时 50 分，工作负责人寇 ×× 向施工人员交待了工作内容、工作地点、现场安全措施及带电部位，经询问无疑义，履行工作票签字手续后开始工作。

11 时 14 分左右，该电力劳动服务队工作人员何 ×× 在 35kV 552 隔离开关（线路隔离开关）清扫工作完毕后，未征得监护人寇 ×× 同意，擅自越过挂在 552 隔离开关（线路隔离开关）与 562 隔离开关（线路隔离开关）之间水泥构架上的“止步，高压危险”警示牌，进入 35kV 川米联线 562 隔离开关（线路隔离开关）间隔，引起 562 隔离开关线路侧 C 相对其左腿放电，造成人身触电灼伤。

事故原因分析：

（1）工作人员何 ×× 不遵守现场作业的安全规定，在工作转移过程中擅自跨越警示牌，误入带电间隔导致触电灼伤。违反《安规》5.1.4“无论高压设备是否带电，作业人员不得单独移开或越过遮栏进行工作；若有必要移开遮栏时，应有监护人在场，并符合表 1 的安全距离”； 6.3.11.5“工作班成员：b）服从工作负责人（监护人）、专责监护人的指挥，严格遵守本规程和劳动纪律，在确定的作业范围内工作,对自己在工作中的行为负责,互相关心工作安全”的规定。

（2）工作负责人寇 ×× 为认真履行监护职责。违反《安规》6.5.1“工作负责人、专责监护人应始终在工作现场，对工作班人员的安全认真监护，及时纠正不安全的行为”的规定。

9. 案例 9　擅自翻越遮栏攀登带电设备构架触电坠落

2009 年 8 月 9 日，某供电公司变电运行综合班，根据 8 月 7 日签发的变电第二种工作票，安排由工作负责人曹 × 与工作班成员赵 ×× 进行 110kV 某变电站微机五防系统检查及 110kV、35kV 线路带电显示装置检查工作。

10 时 10 分，工作许可人张 ×× 许可工作，并在现场向曹 ×、赵 ×× 交待了安全措施、注意事项及补充安全措施后（工作票中补充安全措施为：35kV 川米联线线路带电，562 隔离开关为带电设备，已在 562 隔离开关处设遮栏，并挂‘止步，高压危险’标示牌；工作中加强监护，工作只限在 110kV、35kV 设备区防误锁及线路带电显示装置检查，严禁攀登带电设备），工作许可人与工作负责人双方确认签名，工作许可手续履行完毕。赵 ×× 未在工作票上确认签名，随即两人开始工作。

13 时 15 分，两人对川米联线线路高压带电显示装置控制器检查完，判断控制器内 MCU 微处理机元件存在缺陷且无法消除，曹 × 决定结束工作，并与赵 ×× 一同离开设备区。两人到达主控楼门厅，曹 × 上楼去办理工作票终结手续，赵 ×× 留在楼下。随后，赵 ×× 单独返回工作现场，跨越挂有“止步，高压危险！”标示牌的遮栏，攀登挂有“禁止攀登，高压危险！”标示牌的爬梯，登上 35kV 川米联线 562 隔离开关构架，因与带电的 562 隔离开关 C 相线路侧触头安全距离不够，发生触电，赵 ×× 从构架上坠落，经抢救无效死亡。

事故原因分析：

（1）工作班成员赵 ×× 单独进入设备区，翻越安全遮栏，在无人监护的情况下，攀爬悬挂“禁止攀登，高压危险！”标示牌的爬梯，登上 35kV 川米联线 562 隔离开关构架，造成 562 隔离开关对其放电后高空坠落。违反《安规》6.5.2“所有工作人员（包括工作负责人）不许单独进入、滞留在高压室、阀厅内和室外高压设备区内”；5.1.4“无论高压设备是否带电，作业人员不得单独移开或越过遮栏进行工作；若有必要移开遮栏时，应有监护人在场，并符合表 1 的安全距离”；6.3.11.5“工作班成员：a）熟悉工作内容、工作流程，掌握安全措施，明确工作中的危险点，并在工作票上履行交底签名确认手续。b）服从工作负责人（监护人）、专责监护人的指挥，严格遵守本规程和劳动纪律，在确定的作业范围内工作，对自己在工作中的行为负责，互相关心工作安全。c）正确使用施工器具、安全工器具和劳动防护用品”的规定。

（2）工作负责人曹 × 向赵 ×× 进行安全交底时未履行确认签字手续。违反《安规》6.3.11.2“工作负责人（监护人）：c) 工作前，对工作班成员进行工作任务、安全措施、技术措施交底和危险点告知，并确认每个工作班成员都已签名”的规定。

10. 案例 10　误登带电设备电弧灼伤

2012 年 5 月 18 日，某公司变电检修人员对 220kV 某变电站 110kV 28114、28122、28113 三个间隔进行修试工作。在完成 28114、28122 间隔修试工作后，某供电局变电运行工区专责纳 ×× 根据掌握的缺陷统计一览表，要求超高压分公司变电检修部现场总协调人程 ×× 结合本次停电进行消缺，程 ×× 请求检修部生产调度出面协调。

此时，超高压分公司安监部专责张 × 在进行安全稽查时指出 28113 间隔现场班前会交底记录不符合要求，责令停工整顿，而工作负责人王 × 表示异议，与张 × 进行辩解。程 ×× 通知工作班成员李 ××（已在 28122 工作票上办理了离去手续，坐在工程车上待命）进入 28113 间隔协助劝阻张×与王×之争议。李××到现场后，从程××手中看到“缺陷及隐患统计一览表”内有28122-3隔离开关发热及28114断路器A相发热等缺陷，即向程××提出有些缺陷已消除，程××随口解释以前存在的设备缺陷不消除，运行人员就不同意结束工作票。

17点44分，李××擅自携带绝缘梯核实28114断路器A相发热缺陷，误入正常运行的28101间隔（与28114间隔相邻），致使A相断路器下接线板对人体放电，造成电弧灼伤。

事故原因分析：

（1）李××为了核实28114断路器A相发热缺陷，未填用工作票、未经许可擅自工作，误登带电设备。违反《安规》6.3.1“在电气设备上的工作，应填用工作票或事故紧急抢修单”；6.3.11.5“工作班成员：a）熟悉工作内容、工作流程，掌握安全措施，明确工作中的危险点，并在工作票上履行交底签名确认手续。b）服从工作负责人（监护人）、专责监护人的指挥，严格遵守本规程和劳动纪律，在确定的作业范围内工作，对自己在工作中的行为负责，互相关心工作安全。c）正确使用施工器具、安全工器具和劳动防护用品”的规定。

（2）工作负责人王×与安监部稽查人员发生争执，造成现场人员注意力转移，影响了正常的检修秩序，使现场工作人员失去监控。违反《安规》6.5.1“工作负责人、专责监护人应始终在工作现场，对工作班人员的安全认真监护，及时纠正不安全的行为”的规定。

二、变电二次系统作业现场

（一）装置机箱

（1）装置机箱可以使用“设备运行”红布幔或“正在运行”遮蔽罩进行隔离（见图 5-17、图 5-18）。

（2）工作负责人组织进行作业危险点辨识，必要时合理选择安全设施进行装置机箱（背板）的措施设置（见图 5-18）。

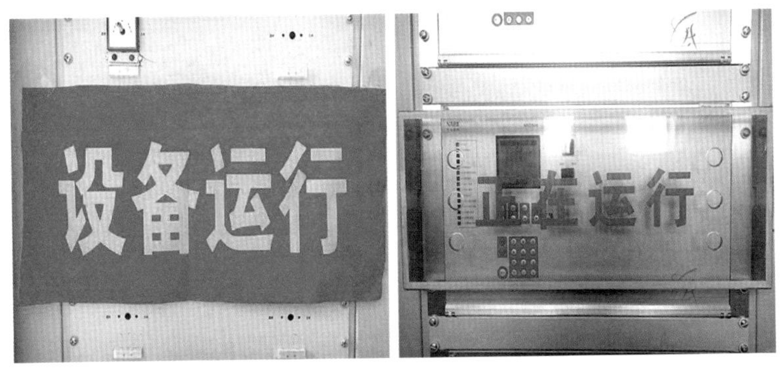

（a）红布幔　　（b）遮蔽罩

图 5-17　装置机箱（正面）

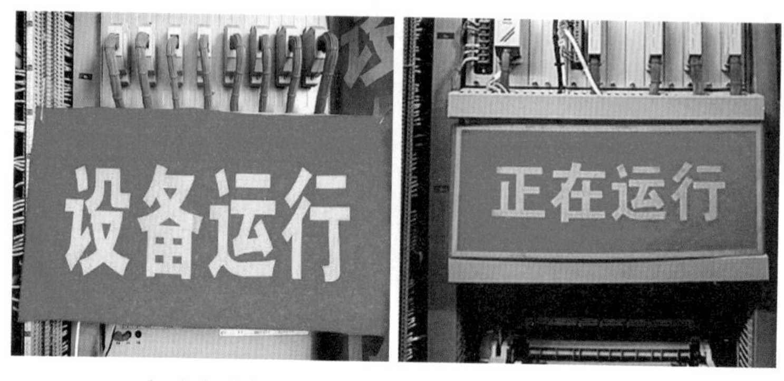

（a）红布幔　　（b）遮蔽罩

图 5-18　装置机箱（背板）

（二）端子排

端子排可以使用“设备运行”红布幔或“正在运行”卡扣式遮蔽罩进行隔离，工作负责人组织进行作业危险点辨识，必要时合理选择安全设施进行端子排的措施设置（见图 5-19）。

（a）卡扣式遮蔽罩

（b）红布幔

图 5-19　端子排

（三）硬压板

（1）常用单一硬压板遮蔽罩有插片式、套筒式结构，使用绝缘复合材料，标示有“禁止投入”或“禁止退出”字样。

（2）需要遮蔽连续排列的硬压板，可以选用“运行设备”红布幔或“正在运行”遮蔽罩（见图 5-20、图 5-21）。

（3）工作负责人组织进行作业危险点辨识，必要时合理选择安全设施进行隔离，防范误投入、误退出硬压板。

（a）“禁止投入”插片式

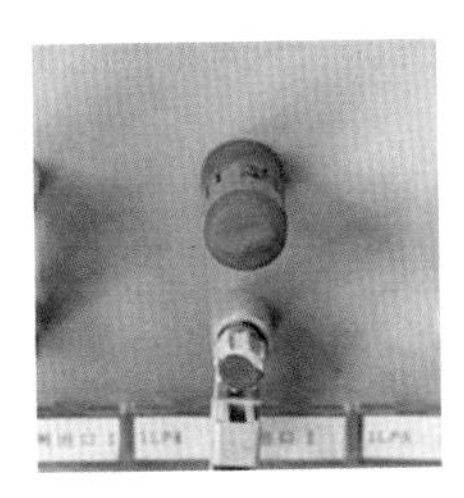

（b）“禁止投入”套筒式

（c）“禁止退出”套筒式

图 5-20　硬压板遮蔽罩结构

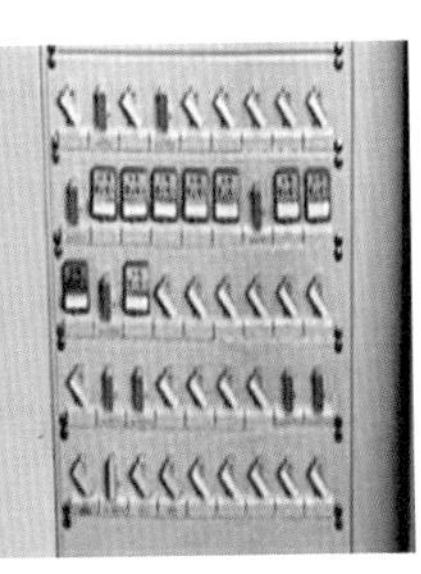

（a）压板遮蔽罩隔离

（b）“正在运行”标志隔离

图 5-21　硬压板遮蔽罩

（四）同屏（柜）多台装置

（1）同屏（柜）安装有多台装置，其中一台装置检修时，需要对运行装置机箱（正面）、硬压板、分合把手、切换开关、紧急按钮等进行“运行设备”标志隔离，由变电运维人员负责实施，见图 5–22（a）。

（2）同屏（柜）安装有多台装置，其中一台装置检修时，工作负责人组织进行作业危险点辨识，进行装置机箱（背板）及检修间隔联跳回路硬压板的安全设施布置，防误误碰、误动、误跳运行设备，见图 5–22（b）。

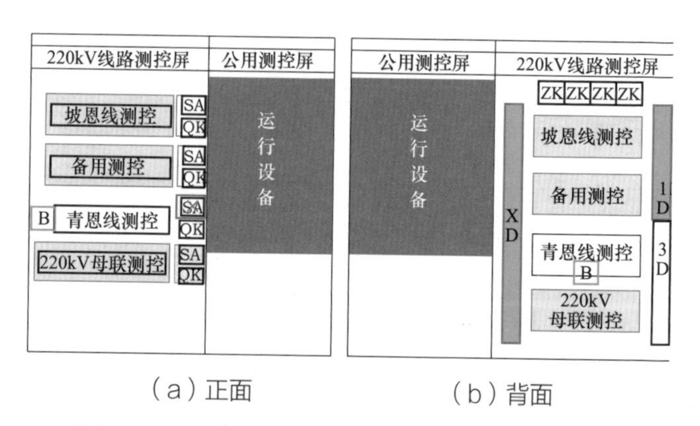

（a）正面　　（b）背面

图 5–22　同屏（柜）布置部分装置检修的安全设施

（3）二次系统作业时，宜使用“运行设备”红布幔对装置机箱、控制（切换）开关等电气元件进行整体遮蔽，减少设施数量（见图 5–23）。

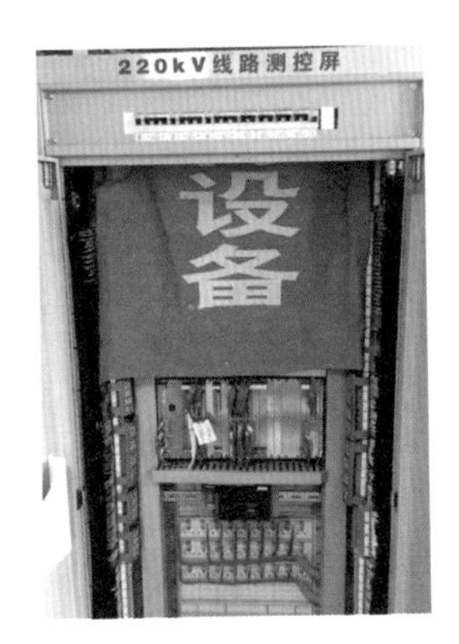

图 5-23 同屏（柜）多台装置使用“运行设备”红布幔

（4）二次系统作业时，也可以使用“设备运行”遮蔽罩对装置机箱、控制（切换）开关等电气元件进行逐一遮蔽（见图 5-24）。

图 5-24 同屏（柜）多台装置使用“运行设备”遮蔽罩

三、施工改造类作业现场

（一）扩建间隔未接入运行母线

扩建间隔未接入运行母线见图 5-25。

某变电站 220kV 422 间隔扩建施工作业，扩建间隔未接入运行母线时安全设施要点：

（1）在 422 扩建间隔四周装设临时固定式安全遮栏，延伸至 220kV 设备区入口处。

（2）遮栏上固定悬挂适量“止步，高压危险！”标示牌，字朝向遮栏内侧。

（3）在临时固定式安全遮栏出入口处悬挂“从此进出！”标示牌，在扩建间隔悬挂“在此工作！”标示牌。

（4）在扩建间隔相邻的 421、423 间隔和 220kV 母线构架上，适量悬挂“运行设备”标志。

安全设施清单如表 5-17 所示。

表 5-17　　　　安全设施清单

设施名称	必选●	可选○	备注
临时固定式安全遮栏	●		
“止步，高压危险！”标示牌	●		
“在此工作！”标示牌	●		

续表

设施名称	必选●	可选○	备注
“从此进出！”标示牌	●		
防潮帆布	●		
“运行设备”标志	●		

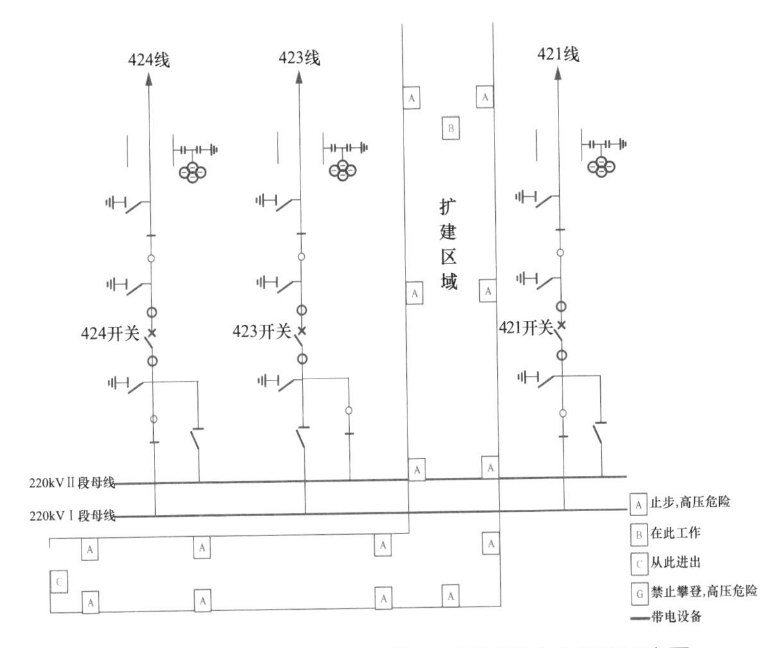

图 5-25　变电站扩建间隔未接入运行母线安全设施示意图

（二）扩建间隔接入运行母线（GIS 组合电器）

扩建间隔接入运行母线（GIS 组合电器）见图 5-26。

某变电站 220kV 422 间隔扩建施工作业，扩建间隔接入运行母线时安全设施要点：

（1）在 422 扩建间隔四周装设临时固定式安全遮栏，延伸至 220kV 设备区入口处。

（2）在遮栏上固定悬挂适量“止步，高压危险！”标示牌，字朝向遮栏内侧。

（3）在临时固定式安全遮栏出入口处悬挂“从此进出！”标示牌，在 422 间隔悬挂“在此工作！”标示牌。

（4）在新扩建且已经接入运行母线的 422-1、422-2 隔离开关操作把手上悬挂“禁止合闸，有人工作！”标示牌。

（5）在新扩建且已经接入运行母线的 422-1、422-2 隔离开关气室上悬挂“运行设备”标志，在相邻的 421、423 间隔和 220kV 母线构架上适量悬挂“运行设备”标志。

（6）必要时，在扩建设备区构架爬梯处悬挂“禁止攀登，高压危险！”标示牌。

安全设施清单如表 5-18 所示。

表 5-18　　安全设施清单

设施名称	必选●	可选○	备注
临时固定式安全围栏	●		
“禁止合闸，有人工作！”标示牌	●		
“止步，高压危险！”标示牌	●		

续表

设施名称	必选●	可选○	备注
“在此工作！”标示牌	●		
“从此进出！”标示牌	●		
防潮帆布	●		
“运行设备”标志	●		
“禁止攀登，高压危险”标志	●		

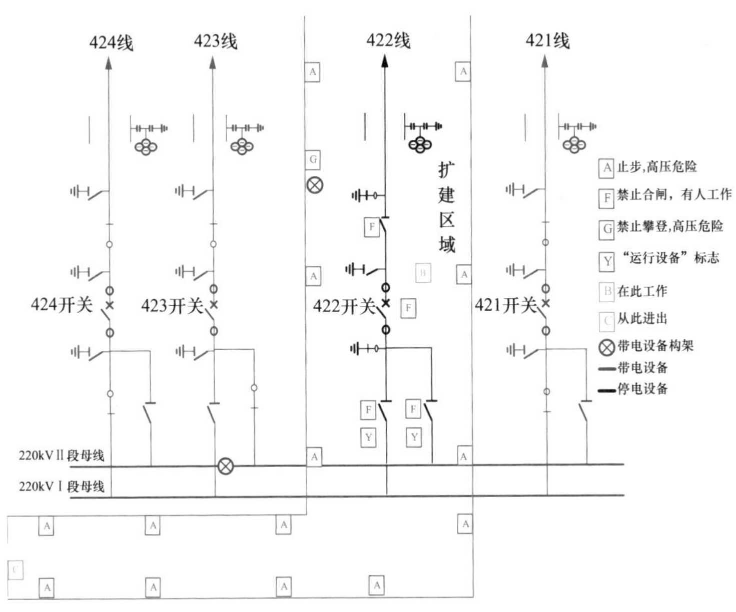

图 5-26 变电站扩建间隔接入运行母线安全设施示意图

（三）高压配电室开关柜改造

高压配电室开关柜改造见图 5-27。

某变电站 10kV 高压配电室 512、513 间隔更换开关柜施工作业，安全设施要点：

（1）以 511 开关柜、512 开关柜连接处为基准，在柜前、柜后检修通道装设安全遮栏，在 512、513 开关柜四周装设临时安全遮栏，延伸至 10kV 高压配电室入口处。

（2）在临时安全遮栏上固定悬挂适量“止步，高压危险！”标示牌，字朝向 512 开关柜方向。

（3）在相邻 502 开关柜前、后柜门装设“运行设备”标志，在遮栏上悬挂“止步，高压危险！”标示牌。

（4）在 10kV 高压配电室入口处悬挂“从此进出！”标示牌。

（5）在 512、513 开关柜处悬挂“在此工作！”标示牌。

（6）512、513 开关柜接入运行母线后，检查静触头隔离挡板可靠锁闭，必要时增设绝缘隔板。

安全设施清单如表 5-19 所示。

表 5-19　　安全设施清单

设施名称	必选●	可选○	备注
安全遮栏	●		
“禁止合闸，有人工作！”标示牌		○	

续表

设施名称	必选●	可选○	备注
“止步，高压危险！”标示牌	●		
“在此工作！”标示牌	●		
“从此进出！”标示牌	●		
防潮帆布	●		
“运行设备”标志	●		
手车开关绝缘隔板		○	

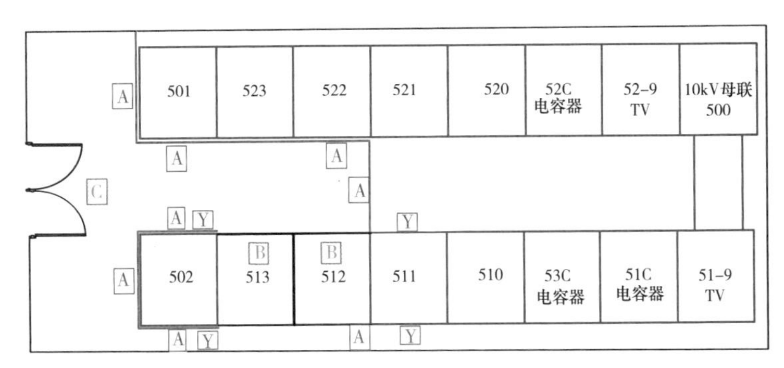

图 5-27　变电站扩建间隔接入运行母线安全设施示意图

（四）案例分析

1. 案例 1　仪表校验时二次反供电触电灼伤

1997 年 4 月 4 日，某变电站按计划全站停电检修。9 时

10分，运行人员许可了变电工区当天综合检修第一种工作票，工作内容为设备预试、喷漆、清扫、仪表校验、开关机构检查。10时20分，正在35kV Ⅱ段电压互感器吊线串上清扫的带电班王 ×× 突然触电，由吊线串上坠落（约8m高），被安全带保险绳悬挂在空中（约6m高）。

经检查，工作票上未要求拉开35kV Ⅱ段电压互感器隔离开关，运行人员也未拉开；工作票上显示已断开的电压互感器二次熔断器实际也未断开；仪表班校验2号变压器35kV有功功率表时（已拆除的电压互感器二次线未包扎），试验电源线与电压互感器二次线瞬间接触，导致试验电源串入电压互感器二次回路瞬间反送电。

事故原因分析：

（1）全站停电，运行操作人员未将35kV Ⅱ段电压互感器转为检修状态。工作许可人未按工作票要求的安全措施断开电压互感器二次熔断器，仪表校验时二次反供电。违反《安规》7.2.2“检修设备停电，应把各方面的电源完全断开（任何运行中的星形接线设备的中性点，应视为带电设备）。禁止在只经断路器（开关）断开电源或只经换流器闭锁隔离电源的设备上工作。应拉开隔离开关（刀闸），手车开关应拉至试验或检修位置，应使各方面有一个明显的断开点，若无法观察到停电设备的断开点，应有能够反映设备运行状态的电气和机械等指示。与停电设备有关的变压器和电压互感器，应将设备各侧断开，防止向停电检修设备反送电”的规定。

（2）工作票签发人、工作负责人填写和签发的工作票停电措施不完备（应拉开 35kV Ⅱ段电压互感器隔离开关）。违反《安规》6.3.11.1“工作票签发人：b) 确认工作票上所填安全措施是否正确完备”；6.3.11.2“工作负责人（监护人）：b) 检查工作票所列安全措施是否正确完备，是否符合现场实际条件，必要时予以补充完善”的规定。

（3）仪表校验时未采取有效措施，二次反供电。违反《安规》13.15“电压互感器的二次回路通电试验时，为防止由二次侧向一次侧反充电，除应将二次回路断开之外还应取下电压互感器高压熔断器或断开电压互感器一次刀闸”的规定。

（4）许可工作时，工作许可人、工作负责人未对所做安全措施进行检查。违反《安规》6.3.11.3“工作许可人：a）负责审查工作票所列安全措施是否正确、完备，是否符合现场条件”6.4.1.1“会同工作负责人到现场再次检查所做的安全措施，对具体的设备指明实际的隔离措施，证明检修设备确无电压”的规定。

2. 案例 2　电流互感器倾倒、挤压工作负责人

2001 年 7 月 4 日，某供电局变电处检修一班在 110kV 某

变电站做 110kV 电流互感器更换前的准备工作。工作负责人郝 ×× 带领 7 名农民工，按照事先确定的搬运方案，使用液压托盘搬运车将被换的电流互感器由 35kV 设备区东南角依次向 110kV 设备区搬运。因现场无检修通道，现场检修人员采用部分厚钢板和拆借的电缆沟盖板铺设临时通道。18 时许，当沿预先铺设的通道（东西方向），运送 1101 间隔第三个电流互感器至距堆放点 40m 处向北转弯时，手扶电流互感器的郝 ×× 踩空跌入拆掉盖板的电缆沟内，造成电流互感器重心偏离倾倒，致使倒在电缆沟内的郝 ×× 左胸部挤压受伤，经医院抢救无效死亡。

事故原因分析：

（1）工作负责人未正确组织工作，运输通道旁存在孔洞（拆掉盖板的电缆沟）未采取临时遮盖措施和未设安全遮栏，致使手扶电流互感器的工作负责人踩空跌入电缆沟内，造成电流互感器重心偏离倾倒。违反《安规》6.3.11.2“工作负责人（监护人）：a）正确组织工作。b）检查工作票所列安全措施是否正确完备，是否符合现场实际条件，必要时予以补充完善。”的规定。

（2）运输通道旁存在孔洞（拆掉盖板的电缆沟）未采取临时遮盖措施或设安全遮栏。违反《安规》16.1.2“变电站（生产厂房）内外工作场所的井、坑、孔、洞或沟道，应覆以与地面齐平而坚固的盖板。在检修工作中如需将盖板取下，应设临时围栏。临时打的孔、洞，施工结束后，应恢复原状”的规定。

3. 案例 3　保护人员误拆线造成 330kV 主变压器跳闸

2011 年 10 月 11 日，某 330kV 变电站按计划进行 1 号变压器单元停电检修。

9 时 23 分，值班员许可保护三班变电第一种工作票工作。工作负责人伍 ×× 进行了人员分工和“两交底”。第一小组由刘 × 负责带领蒋 × 等 3 人进行 35kV 4 个间隔的校验传动工作，第二小组由陈 × 负责带领孙 ×× 等 2 人进行 1 号变压器保护装置的校验传动工作。

15 时左右，工作负责人伍 ×× 将第一小组工作班成员蒋 × 调至第二小组，由蒋 ×、孙 ×× 在保护小室内保护屏进行通流（孙 ×× 具体负责接试验线）。16 时 42 分，蒋 × 到 1 号屏（1 号主变压器保护 A 柜）前和伍 ×× 电话进行工作联系，此时在保护屏后的孙 ×× 在未告知任何人的情况下，独自在 4 号屏（主变压器录波器柜）端子排上打开Ⅲ D-41 电流端子连片（回路编号为 A4262），发现打火花，3 号主变压器跳闸，110kV 母线失压。孙 ×× 意识到连片打错，随后恢复该连片。本次事故导致所供的 6 座铁路牵引变压器及15座110kV变电站失压。

事故原因分析：

（1）工作班成员脱离监护，未核对设备位置和名称，未填用二次工作安全措施票，误将3号主变压器电流端子当成1号主变压器的电流端子，打开连片，造成3号主变压器公共绕组A相电流互感器开路产生差流，引起分侧差动保护动作。违反《安规》13.3“检修中遇有下列情况应填用二次工作安全措施票：a）在运行设备的二次回路上进行拆、接线工作。b）在对检修设备执行隔离措施时，需拆断、短接和恢复同运行设备有联系的二次回路工作”；13.7“现场工作开始前，应检查已做的安全措施是否符合要求，运行设备和检修设备之间的隔离措施是否正确完成，工作时还应仔细核对检修设备名称，严防走错位置”的规定。

（2）现场作业的隔离措施不彻底，工作地点4号屏（主变压器故障录波器屏）运行设备和检修设备同屏，未采取安全隔离措施。违反《安规》13.8“在全部或部分带电的运行屏（柜）上进行工作时，应将检修设备与运行设备以明显的标志隔开”的规定。

4. 案例4　继电保护人员误碰保护端子造成断路器跳闸

11月2日，某单位在500W双龙变进行群1主变压器

5031、5032断路器保护及自动化校验工作中，继电保护人员对5032断路器失灵保护进行整组回路试验，工作负责人在5032断路器保护屏前观察保护动作信号，工作班人员甲负责试验测试设备的操作，工作班人员乙在保护屏后端子排处用万用表进行保护接点回路检查，11:03时，由于误碰失灵启动母差回路，造成500kV Ⅱ母母差保护动作跳开500kV Ⅱ母上所有运行断路器。

工作人员程 × 在保护屏后端子排处用万用表进行保护接点回路检查时，需要在保护屏c1、c2端子内侧进行测量，因此取下覆盖在该端子上的黑胶布，结果误量至保护屏c1、c2端子的外侧时，由于万用表与失灵启动母差回路构成通路，导致失灵启动500k Ⅶ母B组母差保护总出口，由500kV Ⅱ母B组母差保护直跳500kV Ⅱ母上所有断路器。

事故原因分析：

一是工作人员在现场作业过程中安全意识不强，采取的安全措施不当：二是作业现场危险点分析和预控措施未做到位；三是现场作业过程中安全监护不到位。经验教训如下：

（1）加强对检修试验人员的安全意识和安全技能的教育及培训工作。

（2）应编制继电保护安全措施票。

（3）试验过程中不得随意变更所做的安全措施。

（4）试验过程中应加强对危险点的控制。

（5）在运行中的二次回路上工作时，必须由一人操作，另一人作监护。

（6）考虑母差保护对系统安全运行的重要性，建议在开关失灵保护启动母差保护的回路中母差保护屏上增设一块连接片。

第六章

安全设施标准化设置新技术

电力物联网应用是电力系统的重要组成部分，电网企业致力于积极开展电力物联网环境各类标准化安全设施的开发与实用化，本书编者结合工作实践对电网企业安全设施的新技术进行阐述。

一、新型红外感知声光报警遮栏

由声光报警模块、红外线收发模块、接地模块以及电源模块组成；红外线收发模块的输出端与声光报警模块有线连接；红外线收发模块还与接地模块、电源模块通过信号接收装置进行无线连接。使用安全、方便，不仅能够实现声光报警的功能，还可以及时地通过报警信号控制电源模块对整个试验设备断电，从而杜绝了人身触电事故的发生。相比以往靠传统的安全遮栏进行物理隔离，试验工作人员可更加安全、放心地开展试验工作，提升工作效率，降低工作成本。此新型声光报警遮栏的耐用性较好，使用寿命长，遮栏布置方便，整体经济性也较好。

二、镭射投影标示系统

视频矩阵切换器可将多路信号从输入通道切换输送到输出通道中的任一通道上，并且输出通道间彼此独立，可以切换多种高解析度的视频信号到各种不同的显示终端，如NTSC制式和PAL制式。在指定地点投射“在此工作！”“运行设备”“禁止攀爬！”等标示。系统可安装简便，其占用空间非常小，无须重新牵拉线路；互动系统能耗低，可以在不工作的状态下定时进入休眠状态；参与者跟设备没有任何物理接触。

三、一键式规划

结合大数据及人工智能系统实现变电作业现场一次设备、继电保护二次措施的一键式规划，作业人员只需选择相应的作业间隔工作内容及作业时间，便可自主结合专家经验库拟订相应措施布置方案，且可结合人员深度菜单选择进行完善，方案制定后系统可同时给出相关作业危险点提醒及预控措施方案。能够有效地提升现场安全措施设置工作效率，避免由于疏漏而导致措施不完善带来的安全隐患。

四、误入远程告警

一种电网安全运行防止人员误入带电间隔红外告警系统，包括红外监测装置和告警装置，告警装置设置于高处的报警杆上，报警杆的杆体上设置亮闪的安全标识，红外监测装置和告警装置分别与控制器信号连接，红外监测装置包括若干组红外光束发射器和红外光束接收器，告警装置连接智能探照装置。通过红外光束发射器和红外光束接收器形成红外监测光栅栏或光墙，对带电间隔实现严密的在线自动监控，并能智能启动告警装置，提醒应急处置，现场声光告警装置和语音播放器警告误入人员立刻退回至安全范围内，巧妙地结合了激光发射技术、智能探照装置，结合无线通信技术，提高了系统的智能性和准确性，并可对变电运维人员及现场安全监护人员实现实时隐患提醒功能，切实提高了现场安全监控水平。